无铅焊点微观组织与力学性能

杨林梅　著

东北大学出版社

·沈　阳·

Ⓒ 杨林梅　2021

图书在版编目（CIP）数据

无铅焊点微观组织与力学性能 / 杨林梅著. — 沈阳：
东北大学出版社，2021.12
　ISBN 978-7-5517-2872-0

　Ⅰ. ①无… Ⅱ. ①杨… Ⅲ. ①软钎料—研究 Ⅳ.
①TG425

中国版本图书馆 CIP 数据核字（2021）第250605号

出 版 者：东北大学出版社
　　　　　地址：沈阳市和平区文化路三号巷 11 号
　　　　　邮编：110819
　　　　　电话：024-83687331（市场部）　83680267（社务部）
　　　　　传真：024-83680180（市场部）　83687332（社务部）
　　　　　网址：http://www.neupress.com
　　　　　E-mail：neuph@neupress.com
印 刷 者：沈阳市第二市政建设工程公司印刷厂
发 行 者：东北大学出版社
幅面尺寸：170 mm × 230 mm
印　　张：9
字　　数：143 千字
出版时间：2021 年 12 月第 1 版
印刷时间：2021 年 12 月第 1 次印刷
策划编辑：刘桉彤
责任编辑：廖平平
责任校对：石玉玲
封面设计：潘正一

ISBN 978-7-5517-2872-0　　　　　　　　　定　价：56.00 元

前　言

随着电子信息技术产业在国民经济中发挥越来越重要的作用，微电子封装技术作为先进制造技术的重要组成部分，已经成为当代科学技术的前沿技术之一，封装过程中采用软钎焊的方式使焊料在电子元器件与覆铜电路板之间形成焊点。长期以来，人们在软钎焊过程中使用的连接材料是锡铅共晶合金焊料，由于电子设备更新周期越来越短，会产生大量的电子垃圾，其中的铅元素会污染土壤和地下水，危害人类身体健康。欧盟在2006年7月实施RoHS指令，限制铅在电子产品中的使用，中国、美国和日本等国家也出台法令法规来限制铅的使用，世界各国投入了大量的财力和人力进行无铅焊料的开发研究。目前，关于无铅焊点的可靠性仍有诸多问题亟待解决，含铅材料在工业领域仍被大量地使用，出于现实考虑，欧盟在2019年2月修订了RoHS指令的附件三，调整了若干领域使用含铅材料的限制期限，研发可靠性高的、无铅的电子连接材料是微电子封装领域亟待解决的重要问题，为促进我国无铅化产业的发展，应当深入系统地进行基础理论研究。

本书对无铅焊料的发展历程、无铅焊料的微观组织成分和力学性能进行了系统、翔实的叙述，综述了著者在无铅焊料领域的研究成果，以锡银铜无铅焊料、锡铜无铅焊料和锡铋无铅焊料为例，详细地介绍了无铅焊料的微观组织演化规律、焊点在加载条件下的变形断裂机制以及无铅焊料的纳米强化机理等。本书共分为5章，第1章介绍了微电子封装技术和发展无铅焊料的迫切需求；第2章以锡铜无铅焊料为例，介绍了无铅焊点在拉伸和剪切载荷下变行断裂的微观机制；第3章以锡银铜无铅焊料为例，详细介绍了软钎焊回流过程中回流时间、回流温度、冷却速率等因素对焊料微观组织的影响，介绍了无铅焊料在冷却凝固过程中的形核生长规律；第4章介绍了在高低温温度循环加载条件下，焊点的热疲劳损伤断裂机理；第5章介绍了掺杂纳米粒子的复合无铅焊料，分析了纳米粒子对金属间化合物生长行为的影响和对焊点力学性能的强化机理。

无铅焊点的热疲劳和纳米强化方面的研究工作得到了国家自然科学基金项目（No.11604222）的资助，同时得到了导师和同行好友的支持和鼓励，在此一并表示感谢。

由于著者的专业知识和水平有限，书中难免存在错误或不完善之处，敬请读者指正，以便今后加以完善。

著 者

2021年6月

目　录

第1章　无铅焊料的发展背景

1.1　微电子封装技术

20世纪90年代以来，以计算机、通信技术和电子产品为代表的电子技术产业获得了前所未有的迅猛发展，它对社会的技术进步和信息化以及人民生活水平的提高发挥了巨大作用，并带动了相关产业的发展，电子信息技术产业在国民经济中发挥着越来越重要的作用。当前，科技、经济和军事无不依赖于信息化，全世界都在加速信息化进程，随着人类社会信息化步伐的加快，微电子封装技术作为先进制造技术的重要组成部分，已经成为当代科学技术研究的前沿领域之一。

微连接的主要对象包括电子元器件和印制电路板。电子整机产品是由具有一定功能的电子元器件、电路和工艺结构组成的，每个电子元器件都是具有相对独立电气功能的基本单元，如电阻器、电容器、电感器、晶体管、集成电路和开关等。电子元器件经历了从电子管到晶体管（1947年）到集成电路（integrated circuit，IC，1958年）到小规模集成电路（small scale integration，SSI，20世纪60年代）到中等规模集成电路（medium scale integration，MSI，20世纪60年代末）到大规模集成电路（large scale integration，LSI，20世纪70年代）到超大规模集成电路（very large integration，VLSI，20世纪80—90年代）的发展历程[1]。

印制线路板（printed circuit board，PCB）是由绝缘基板、连接导线和装配电子元器件的焊盘组成的，在印制电路板的绝缘基板上，有序地分布着大量的导电线路。在绝缘基板上制造导电图形的方法有减成法、加成法、雕刻法和蚀刻法[2]。印制电路板基板分为有机（覆铜箔层压板）和无机（主要是陶瓷板和瓷釉包覆钢基板）两大类。电子封装中使用钎料将元器件和印制电路板焊接起来，以实现电子产品的电气功能。狭义的电子封装可定义为：利用膜技术及微细连接技术，将半导体元器件及其他构成要素，在框架或基板上布置、固定及连接，引出接线端子，并通过可塑性绝缘介质灌封固定，构成整体立体结构的工艺技术。广义的电子封装是指将半导体和电子元器件所具有的电子的、物理的功能转变为适用于设备或系统的形式，并使之为人类社会服务的科学与技术。或简言之，"将构成电子回路的半导体元件、电子器件组合成电子设备的综合技术"[3]。电子封装具有机械支撑、电气连接、外场屏蔽和物理保护等功能，因此电子封装并不是简单地整合，而是一个复杂的系统工程。图1.1描述了电子封装工程涵盖的四个方面：设计、评价、解析技术，封装工艺技术，材料科学与工程，以及可靠性评价解析技术[3]。

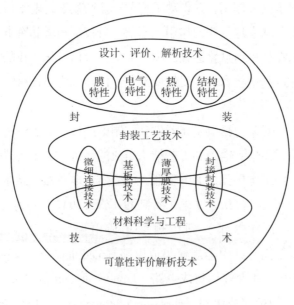

图1.1 电子封装工程的组成[3]

按照封装的对象和进程，电子设备从芯片到子系统的封装过程可划分为一级封装、二级封装和三级封装三个层次，如图 1.2 所示。一级封装为芯片级封装，是将 IC 芯片与一级封装壳或基体连接形成单芯片组件或多芯片组件；二级封装为将多个一级封装组件或其他元器件连接在印制线路板上，构成具有一定功能的部件；三级封装为系统级封装，是将多个二级封装组件、插板或柔性电路板通过互连插座与母板整合到一个子系统的工艺[4-6]。

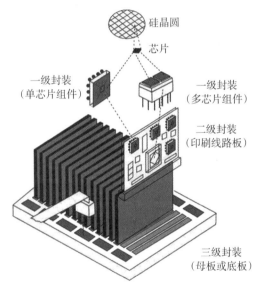

图 1.2　电子封装的分级 [4-6]

现代电子产品朝着微型化、薄型化、轻量化和高精度方向发展，对连接材料的质量和性能提出了崭新的要求。随着电子信息产业的发展，微电子封装技术作为先进制造技术的重要组成部分，已经成为当代科技的前沿技术之一。微电子封装是将集成电路裸芯片组装成电子器件、电路模块和电子设备整机的制造过程，封装过程中采用软钎焊的方式，使焊料在电子元器件与覆铜电路板之间形成焊点，随着 IBM 和 Intel 公司相继开发出球栅阵列封装，芯片也可以省掉引线，直接通过焊料凸点连接基板。焊点不仅提供机械连接，而且是电流通道，即使一个焊点失效，也有可能导致电子产品整机停止工作，据统计，70% 的电子产品整机事故是由于焊点的断裂失效造成的，有"电子设备始于焊接，终于焊接"的说法[2]，因此，焊点的可靠性对电子产品的正常运行起着关键性作用。

1.2　无铅焊料的发展背景与现状

电子材料是电子信息产业发展的物质基础，连接材料的发展推动着微电子互连技术的发展。长期以来，人们在软钎焊过程中使用的焊料是 SnPb 焊料，共晶锡铅焊料的熔点为 183 ℃，这个温度正好在电子设备最高工作温度之上，而且能为大多数元器件所耐受。由于锡能与大多数金属反应生成金属间化合物（IMC），而铅一般不参加反应，所以铅对锡能起到稀释作用，可以减小界面金属间化合物 Cu_6Sn_5 的厚度。通常情况下，在界面生成的化合物层越薄，其焊点强度越高，力学性能和导电性能越好。尽管锡铅焊料具有诸多优越性能，但由于电子设备更新周期越来越短，会产生大量的电子垃圾，废弃电路板的主要处理方式是被填埋于地下，当遇酸雨等酸性环境时，焊料内的铅就会溶解，污染土壤和地下水。铅是对人体有害的金属，进入人体后，会与血液中的蛋白质牢固结合，对人体的各种机能产生严重危害，表1.1列出了铅对人体的危害。

表 1.1　铅对人体的危害 [7-8]

系统	危害
造血系统	对末端血管产生影响，阻止血红蛋白的合成，缩短红细胞寿命
消化系统	便秘，增加疼痛程度
神经系统	造成中枢神经障碍、末梢神经障碍
肾脏	降低对氨基酸、葡萄糖的吸收
肝脏	溶血、肝障碍
生殖系统	排卵障碍、精子活力低下症
免疫系统	影响免疫应答（响应）
内分泌系统	甲状腺功能障碍、肾上腺功能障碍
骨骼系统	对代谢产生影响

近年来，随着人们环保意识的增强，铅对水、土壤和大气的污染日渐被人们意识到，发达国家和地区纷纷出台法令法规来限制或禁止铅的使用。美国国家电子制造协会（National Electronics Manufacturing Institution，NEMI）于1999年在IPC（Institute of Interconnecting and Packaging Electronic Circuits）年会上倡导主要电子设备制造商在商业产品中使用无铅焊料。欧盟在1998年通过了WEEE（Waste Electrical and Electronic Equipment）和RoHS（Restriction of the Use of Certain Hazardous Substances in Electrical and Electric Waste）决议草案，提出自2004年1月1日起全面禁止使用含铅电子材料，后来，由于一些原因，推迟至2008年1月1日。2003年1月27日，欧盟通过2002/96/EC法案，明确规定WEEE和RoHS指令自2003年2月13日生效。但是目前关于无铅焊点的可靠性仍存在诸多问题亟待解决，导致锡铅材料仍在被大量地使用，出于现实考虑，欧盟在2019年2月修订了RoHS指令的附件三，向后调整了若干领域使用含铅材料的限制期限。日本电子信息技术产业协会（JEITA）在2002年公布了日本的2.1升级版无铅路线图。我国信息产业部也出台了《电子信息产品生产污染防止管理办法》，限制铅、汞、镉、六价铬、聚合溴化联苯（PBB）和聚合溴化联苯乙醚（PBDE）的使用[7-8]。2006年我国信息产业部等多部门联合制订了《电子信息产品污染控制管理办法》，2016年工业和信息化部等多部门联合公布了《电器电子产品有害物质限制使用管理办法》。

世界各国投入了大量的财力和人力进行开发研究，现已开发出多种无铅焊料合金，根据已有的研究结果，具有代表性的无铅焊料合金为Sn-Cu、Sn-Ag、Sn-Zn、Sn-Bi等合金系列。

（1）Sn-Cu合金

Sn-Cu二元合金相图如图1.3所示，其共晶温度为227 ℃，共晶组织由Sn和Cu_6Sn_5化合物组成，焊料母体是β-Sn。Cu_6Sn_5金属间化合物分散在β-Sn中，但Cu_6Sn_5微粒不稳定，100 ℃保温数十小时就能演变成粗大的颗粒组织，降低了Sn-Cu焊料合金的力学性能。Sn-Cu合金的另一个缺点是熔点高，润湿速度远低于锡铅合金。为了改善Sn-Cu合金的力学性能，有人研究了添加微量稀土元素对Sn-Cu合金的影响，发现添加0.5%左右的稀土元素可以抑制晶粒的长大，同时能提高合金的抗蠕变疲劳性能。添加微量Ni元素可提高Sn-Cu焊料焊点的热疲劳性能。

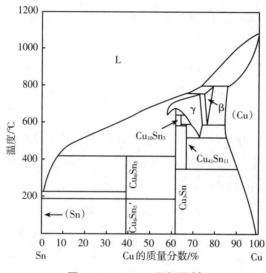

图1.3　Sn-Cu二元相图[9]

（2）Sn-Ag共晶合金

Sn-Ag合金相图如图1.4所示，共晶点对应Ag含量为3.5%，共晶温度为221℃，比Sn-Pb共晶温度高出38℃，属于高熔点无铅焊料，Sn与Ag互溶度很小，但二者可形成金属间化合物Ag_3Sn，常温下Sn-3.5Ag焊料组织为不含Ag的β-Sn和分散在β-Sn中的细小Ag_3Sn化合物组成，细小的Ag_3Sn化合物能够起到弥散强化的作用。回流态的组织中，Ag_3Sn化合物呈环状，并均匀地分散在母体锡中，能够起到弥散强化的效果。Ag_3Sn化合物能有效阻止裂纹的扩展，具有良好的抗拉强度和抗高低温冲击疲劳特性。有研究人员在Sn-Ag焊料中添加1%的锌元素，可使Ag_3Sn更为细小，同时能够抑制Sn枝晶的形成，提高强度和蠕变特性。在Sn-Ag焊料中添加Bi或In元素能降低焊料的熔点，但Bi元素容易使焊料脆性增加，产生焊点剥离现象。在Sn-Ag合金中添加少量Cu，可降低焊料的熔点，同时能提高强度和润湿性。

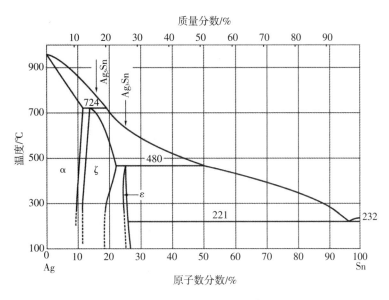

图1.4　Sn-Ag二元相图[9]

（3）Sn-Ag-Cu合金

Sn-Ag-Cu焊料合金是在Sn-Ag合金和Sn-Cu合金的基础上发展起来的一种新型合金，Sn-3.5Ag合金的共晶温度为221 ℃，Sn-0.7Cu的共晶温度为227 ℃，而Sn-Ag-Cu合金的共晶温度可以下降到217 ℃。Sn-Ag-Cu三元合金的共晶点组分不是唯一的，Cu的含量变化为0.2%~3.0%，Ag的变化范围为3.0%~4.7%，在此范围变化合金成分对熔点的影响不明显。Sn-Ag-Cu合金微观组织和Sn-Ag共晶合金非常相似，由β-Sn初晶和共晶组织组成，后者含有Ag₃Sn和Cu₆Sn₅两种金属间化合物，如图1.5所示。Sn-Ag-Cu焊料的力学性能明显优于Sn-3.5Ag焊料合金，这是由于Ag₃Sn和Cu₆Sn₅化合物均匀地分散在母相锡中，使得合金组织更为致密均匀。与Sn-Ag和Sn-Cu焊料相比，Sn-Ag-Cu三元合金不但熔点更低，而且润湿性更好，由于其具有优越的综合性能，Sn-Ag-Cu合金目前已经成为国际上标准的无铅焊料[10]，Sn-Ag-Cu合金焊料是最有可能替代传统的Sn-Pb焊料的合金。

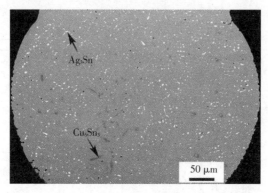

图1.5　Sn3.8Ag0.7Cu合金组织[11]

（4）Sn-Zn合金焊料

Sn-Zn二元合金的共晶成分为Sn-9Zn，共晶温度接近199 ℃，仅比锡铅共晶熔点高16 ℃，与传统的SnPb焊料熔点最为接近，如图1.6所示。Sn-Zn合金共晶组织由β-Sn和少量的富Zn相组成，Sn与Zn之间不形成金属间化合物。如果采用Sn-9Zn作为无铅焊料，焊接工艺更接近传统的锡铅合金，而且Zn不属于贵金属，价格低廉，资源丰富，因此很多研究机构也在积极地进行Sn-Zn合金的开发利用，但由于Zn的化学活性很高，Sn-9Zn在高温下极易氧化，表面形成坚韧的氧化膜，焊点界面极易形成微电池而产生腐蚀。针对这些缺陷，

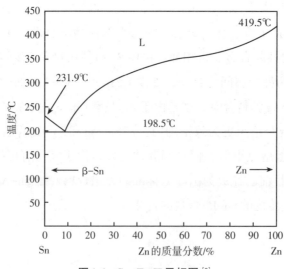

图1.6　Sn-Zn二元相图[9]

研究人员努力进行改进，采用了添加 Cu、Al 和 Bi 等微量元素来改善合金组织。

（5）Sn-Bi合金

Sn-Bi 合金相图如图 1.7 所示，共晶组成为 Sn-58Bi，熔点为 139℃，常用作低温焊料。Sn 和 Bi 不形成金属间化合物，因此共晶成分形成单纯的共晶组织。富 Sn 相中能溶解大量的 Bi，而 Sn 在富 Bi 相溶解度极低，Sn-Bi 合金的润湿性和抗疲劳性能较好。但 Bi 易粗化结晶，使焊料延伸率降低发生脆化，而且 Sn-Bi 焊料/铜焊点长时间时效后，会在 Cu_3Sn/Cu 界面发生严重的 Bi 偏聚现象，从而降低了焊点的可靠性[12]。

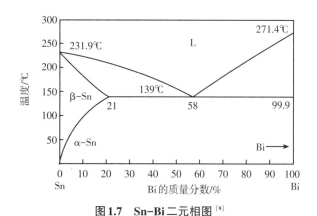

图1.7　Sn-Bi二元相图[9]

（6）纳米复合焊料

Sn-Cu、Sn-Ag 和 Sn-Ag-Cu 焊料均是由锡和金属间化合物构成的混合体。金属间化合物在焊料中分布不均匀会引起焊料力学性能的各向异性，随着高温条件下组织发生粗化，原本呈细小颗粒状分布的金属间化合物会发生粗化甚至异常长大，降低了原有的强化效果。而且这些焊料的熔点高，相应的回流温度也较高，高的温度增加了 Cu 或 Ni 在熔融焊料中的扩散速度和溶解度，增加了界面化合物层的形成速率。针对这些问题，一些研究人员开始探索在焊料中添加纳米尺度的强化粒子制备复合焊料的方法。目前，复合焊料的制备方法主要分为两类：一类是使用机械混合的方法向焊料中引入纳米粒子，如 Zr_2O，SiC 等纳米粒子；另一类是使用特殊的轧制（如图1.8所示[13]）、快速冷却等方法处理常规焊料材料，处理过程中形成纳米尺度的 Cu_6Sn_5 或 Ag_3Sn [13-14]。纳米金属间化合物粒子会均匀地分布在焊料内，使用这种方法制备的复合焊料，其纳米强化相来源于焊料本身，而不是由外界引入。

有关纳米复合焊料的研究结果表明，纳米粒子能够抑制界面化合物层或焊料内 Ag_3Sn 化合物的生长，抑制机理大多采用吸附理论解释，化合物吸附纳米粒子后，表面能降低，导致化合物生长速率降低。有关力学性能的研究结果显示，纳米粒子也能够改善力学性能。Sn-Ag-Cu 焊料中掺入碳纳米管后，屈服强度、抗拉强度提高，但延伸率降低；掺入 ZrO_2，SiC，Al_2O_3 或 TiO_2 等纳米粒子，能够显著提高焊料的硬度、拉伸强度和抗蠕变性能；纳米 Ag 掺入 Sn-0.7Cu 焊料后，剪切强度也得到提高 [15-16]。一般认为，强化机理是纳米粒子对位错运动和晶界滑移的阻碍作用，更深入的影响机制有待进一步研究。

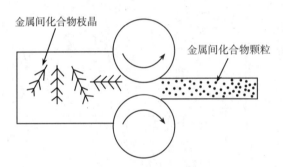

金属间化合物枝晶

金属间化合物颗粒

图 1.8　制备纳米复合焊料方法示意图（通过轧制方法将金属间化合物枝晶转变为金属间化合物颗粒） [13]

1.3　无铅焊料焊点中金属间化合物生长行为

1.3.1　界面化合物层生长行为

电子封装是通过软钎焊的方式将电子元器件与电路板连接，焊接过程是熔融的焊料与固态基体经化学反应，在焊料-基体界面形成一层很薄的金属间化合物，然后冷却固化，达到与母材形成冶金连接的效果。在电子封装过程中，铜常被用作焊盘、引线框架材料、封装的引脚等，为阻止铜和锡之间的扩散，工程上通常会在铜焊盘上镀一层 Ni，而为防止 Ni 氧化，又会加一层 Au[17-18]，如图 1.9 所示。实际上，回流过程中会有少量 Ni 和 Au 扩散进入焊料与 Sn 进行反应，因此焊接界面化合物层成分比较复杂。

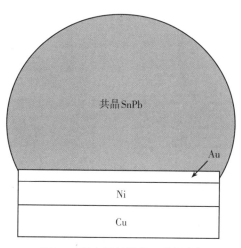

共晶 SnPb

Au

Ni

Cu

图 1.9　焊点设计结构示意图[17]

无论哪种无铅焊料，都是以 Sn 为基体的合金，Sn 能够与 Cu 发生反应，所以无铅焊料均会与铜基体反应，在连接界面处，生成一层金属间化合物，一般来讲，回流焊接过程中生成的界面化合物层成分绝大部分是 Cu_6Sn_5，回流态的界面化合物 Cu_6Sn_5 晶粒间存在明显的间隙，如图 1.10 所示。

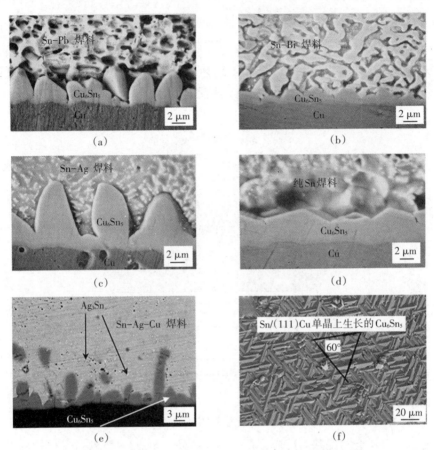

图1.10 不同焊料与铜基体反应生成的Cu₆Sn₅化合物形貌

（a）Sn-Pb焊料与多晶铜反应生成的Cu_6Sn_5化合物形貌（侧视图）[19]；（b）Sn-Bi焊料与多晶铜反应生成的Cu_6Sn_5化合物形貌（侧视图）[19]；（c）Sn-Ag焊料与多晶铜反应生成的Cu_6Sn_5化合物形貌（侧视图）[19]；（d）纯Sn焊料与多晶铜反应生成的Cu_6Sn_5化合物形貌（侧视图）[19]；（e）Sn-Ag-Cu焊料与多晶铜反应生成的Cu_6Sn_5化合物形貌（侧视图）[20]；（f）纯Sn焊料在单晶铜（111）面上反应生成的Cu_6Sn_5化合物形貌（俯视图）[21]

无铅焊料的成分不同，界面Cu_6Sn_5的形貌也会发生一定的变化，呈扇贝状、半球状、圆柱状或棱柱状形貌，Cu_6Sn_5和焊料之间的界面凹凸不平，呈锯齿状，延长回流时间、降低冷却速率和升高回流温度均会使界面Cu_6Sn_5层厚度增大。当回流时间较长或回流温度很高时，在Cu_6Sn_5和铜基体之间还会形成一薄层Cu_3Sn化合物，如图1.11所示。

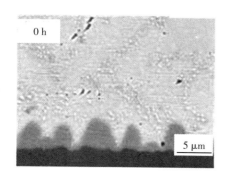
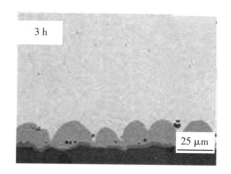
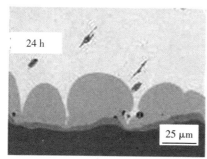
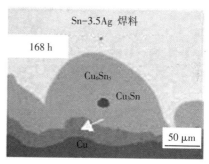

图1.11　Sn3.5Ag/Cu 在 230 ℃回流不同时间时的界面化合物形貌[22]

即使回流过程中没有生成明显的 Cu_3Sn 化合物的焊点，在经高温时效处理后，在铜基体与 Cu_6Sn_5 层之间也会生成 Cu_3Sn 化合物层，而且随着时效温度的升高和时效时间的延长，Cu_3Sn 化合物层厚度逐渐增加，如图1.12所示。高温时效处理后，界面化合物厚度增加，晶粒尺寸增大，铜基体与 Cu_6Sn_5 层之间的 Cu_3Sn 层变得很明显，Cu_6Sn_5 晶粒之间的间隙消失，Cu_6Sn_5 晶粒和焊料之间的界面变得比较平坦。界面化合物层形貌和厚度的变化会影响焊点承受载荷时界面附近的应力分布，从而对互连焊点的性能具有十分重要的影响，而回流温度、时间、次数、时效温度与时间等处理工艺参数均会影响界面化合物的尺寸和形貌。

热时效过程中 Cu_6Sn_5 和 Cu 能够通过原子扩散反应生成 Cu_3Sn[23]，界面化合物层总厚度随着时效时间和时效温度、回流时间和回流温度的增加而增厚[24-26]。界面化合物层总厚度与回流时间和时效时间具有相似的关系，都正比于 $t^{1/2}$[26]。界面 Cu_6Sn_5 形貌多呈扇贝状，而改变回流条件可以改变金属间化合物的形貌，但也有可能向焊料内部生长成管状，Suh 等人发现，当生长界

13

面为单晶的特定方向时，Cu_6Sn_5化合物由原来的扇贝状转变为规则排列的棱柱状[27]。Cu_3Sn只有经过长时间回流或高温固态时效后，才会在Cu_6Sn_5/Cu界面上形成。随着固态时效时间的延长，在界面附近还会形成Kirkendall孔洞，这种孔洞通常能在Sn/Cu，SnAg/Cu，SnAgCu/Cu，SnPb/Cu等连接偶中出现，Kirkendall孔洞的形成加速了元素的扩散，急剧降低了焊点的可靠性。Kim等人向焊料中加入第三元素Zn、Mn、Cr后，抑制了焊点界面Kirkendall孔洞的形成，进而优化了焊点性能[28]。

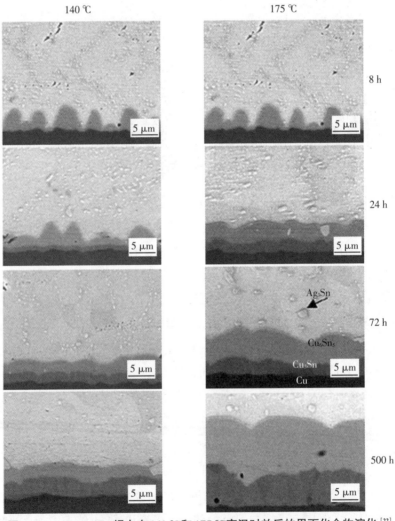

图1.12　Sn3.5Ag/Cu焊点在140 ℃和175 ℃高温时效后的界面化合物演化[22]

1.3.2 Sn-Ag-Cu 内部金属间化合物 Ag₃Sn 生长行为

Sn-Pb焊料只有两相，即富Sn相和富Pb相[29]，焊料内部不存在金属间化合物。而Sn-Ag、Sn-Ag-Cu无铅焊料则是锡和金属间化合物的混合体。

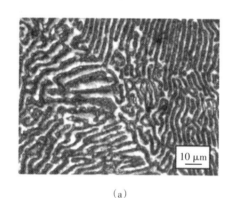 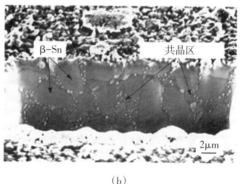

（a） （b）

图1.13 Sn37Pb焊料的微观组织和Sn1.0Ag0.4Cu无铅焊料的微观组织[29-30]

（a）Sn37Pb焊料的微观组织[29]；

（b）Sn1.0Ag0.4Cu无铅焊料的微观组织[30]

Sn-Ag-Cu合金被认为是最有可能取代Sn-Pb焊料的无铅焊料，其焊料内部金属间化合物主要是Ag₃Sn，近年来，Ag₃Sn化合物的生长演化行为也是焊点可靠性研究领域的热点问题之一。Ag₃Sn化合物的形貌、尺寸和分布的均匀性对焊料的力学性能具有重要影响，均匀分布的细小Ag₃Sn颗粒能够有效地阻碍位错运动，改善焊料的力学性能。Keller等人利用透射电镜技术观察到Ag₃Sn颗粒对位错的钉扎效果，如图1.14所示，同时还观察到β-Sn中的自由位错[30]。

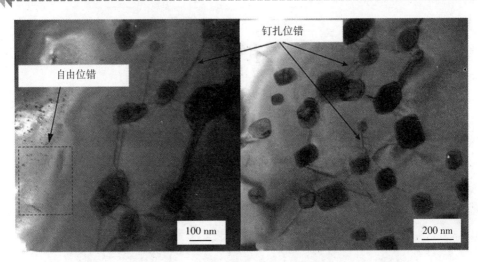

图1.14 位错与小尺寸 Ag₃Sn 颗粒相互作用的透射电子显微照片[30]

然而，在高温时效过程中，焊料中颗粒状的 Ag₃Sn 容易发生粗化，演变成板条状形貌，如图 1.15 所示，容易产生应力集中，诱发裂纹的萌生[17]。

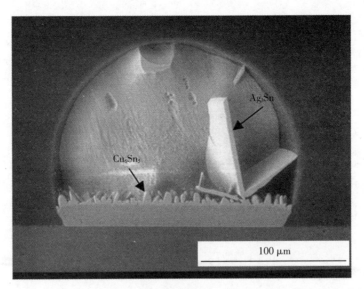

图1.15 Sn3.8Ag0.7Cu/Cu 焊点内的金属间化合物（260 ℃回流两次）[17]

回流温度、回流时间、冷却速率和时效处理等外因均会影响 Ag_3Sn 化合物的生长行为，Ag_3Sn 化合物形核长大的内在机制仍需深入研究。Garcia 等人研究了冷却速度对 Ag_3Sn 金属间化合物形貌和尺寸的影响[31]，如图 1.16 所示。图 1.16（a）是锡银固溶体（Ag 的质量分数为 0.05%）α 相中二次枝晶臂间距 λ_2 随着冷却速率变化的关系曲线，图中采用的是对数坐标，可以看出，随着冷却速率的降低，锡银固溶体中二次枝晶臂间距 λ_2 逐渐增加。同时，随着冷却速率的降低，Ag_3Sn 化合物的形貌发生明显变化，由颗粒状逐渐演化成纤维状和板状。当冷却速率为 8.5 ℃/s 时，球状形貌的 Ag_3Sn 化合物约占 90%，纤维状形貌

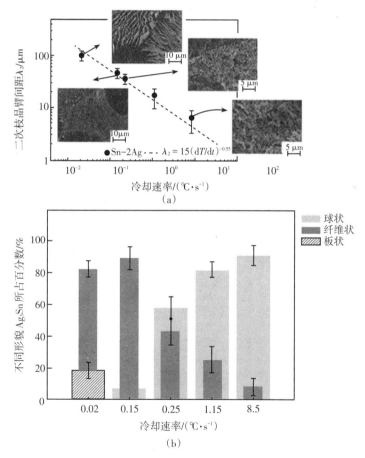

图1.16　Sn2Ag焊料二次枝晶臂间距与Ag₃Sn化合物形貌随着冷却速率的变化关系

（a）Sn2Ag焊料内二次枝晶臂间距与冷却速率的关系；

（b）Sn2Ag焊料内不同形貌Ag₃Sn化合物所占比例与冷却速率的关系[31]

的 Ag_3Sn 化合物约占 10%。随着冷却速率的继续降低，纤维状 Ag_3Sn 占比逐渐增大，球状形貌的 Ag_3Sn 化合物占比逐渐减小。当冷却速率为 0.02 ℃/s 时，Ag_3Sn 化合物以纤维状和板状形貌存在，纤维状 Ag_3Sn 化合物占比约 80%，而板状 Ag_3Sn 化合物占比约 20%。

Ma 等人通过同步加速器和辐射实时成像技术，对回流过程中 Ag_3Sn 的形核生长过程进行了原位观察，发现 Ag_3Sn 的生长模式可分为线形、Y 形和 X 形三种方式，如图 1.17 所示 [32]。在凝固初期，只有少量 Ag_3Sn 形核，随着潜热的释放，原子扩散加剧，一部分 Ag_3Sn 晶核迅速生长，而另有一些非稳定态的 Ag_3Sn 溶解在焊料中，随着温度的进一步降低，大量的 Ag_3Sn 晶核迅速生长，随后释放的热量又使一部分非稳态 Ag_3Sn 晶核溶解，在溶解区，Ag 原子和 Sn 原子的浓度较高，在此区域已形核的 Ag_3Sn 迅速长大。如能实现对凝固过程中相变潜热的控制，对获得小尺寸均匀分布的 Ag_3Sn 化合物是十分有利的。

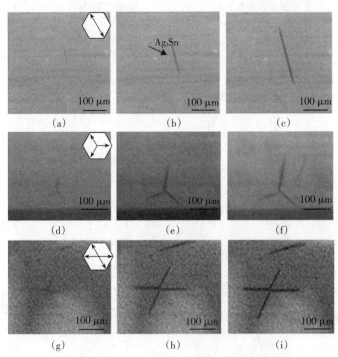

图 1.17　Ag_3Sn 化合物生长模式的原位观察

（a）t_0；（b）$t_0+4\,s$；（c）$t_0+8\,s$ 的线形形貌；（d）t_1；（e）$t_1+5\,s$；
（f）$t_1+10\,s$ 的 Y 形形貌；（g）t_2；（h）$t_2+5\,s$（i）$t_2+10\,s$ 的 X 形形貌 [32]

1.4 无铅焊料焊点微观组织与力学性能关系

由于焊点在电子元器件和电路基板之间起着机械连接的作用，因此，焊点的力学性能是评价焊点可靠性的重要指标之一。焊点的连接性能不仅与焊料本身的性能有关，而且焊接界面的金属间化合物层的厚度、形貌、焊点的几何尺寸以及加载速率都能影响焊点的力学性能，回流工艺中的回流温度、回流时间以及热时效处理等因素可以通过影响焊料微观组织、界面化合物形貌和厚度，进而影响焊点的力学性能。焊料的主要成分是β-Sn，属于正方晶系，滑移是其主要的变形方式[30，33]，短的回流时间和快的冷却速率有助于β-Sn晶粒细化，而经过热时效处理后，β-Sn组织粗化，晶粒尺寸增大，晶界数目减少，根据Hall-Petch关系，锡的强度降低。

焊料内部弥散分布的金属间化合物对焊料强度起着十分重要的作用，金属间化合物相当于焊料母体锡中的第二相粒子，无论是Ag_3Sn化合物颗粒还是Cu_6Sn_5化合物颗粒，硬度都很大，位错很难切过这些金属间化合物颗粒，运动位错与金属间化合物相遇时，采用绕过方式，位错绕过金属间化合物所需的切应力与第二相粒子的尺寸和间距有关，尺寸越小，间距越小，所需的切应力越大，因此，小尺寸的金属间化合物能够有效地阻碍位错运动，防止位错过度塞积产生严重的应力集中，从而防止微裂纹的萌生，起到强化作用。

回流态焊料内部小尺寸的Ag_3Sn化合物呈网状分布在焊料内部，而焊料经历热时效处理后，不但锡晶粒发生粗化，而且焊料内部的金属间化合物的尺寸和分布状态也发生了明显改变。热时效处理过程中，温度较高，原子扩散能力增强，Ag原子和Sn原子能够通过热激活发生反应，破坏了原来Ag_3Sn化合物在焊料中的分布状态，金属间化合物尺寸和间距增大，阻碍位错运动的强化效果降低。焊接界面化合物层主要是由Cu_6Sn_5构成的，当回流温度很高或经过时效处理后，在Cu_6Sn_5层和铜基体之间会形成一层Cu_3Sn化合物层，界面化合物层附近是变形最不匹配的区域，容易产生应变失稳。一些实验结果和有限元分析结果表明，界面化合物层的形貌和厚度会影响界面层附近的应力分布状态，此区域应力集中严重时，容易发生裂纹的萌生和扩展，引发焊点的失效。焊点在外应力作用下，发生变形与断裂是以上多种因素共同影响的结果。电子封装件的焊点在服役过程中伴随着循环的热-机械应力作用，由于有机聚合物覆铜板（FR4）热膨胀系数（1.8×10^{-5}/℃）和Si的热膨胀系数（2.6×10^{-6}/℃）不同，当温度发生变化时，二者存在大的切应变，如图1.18和图1.19所示。

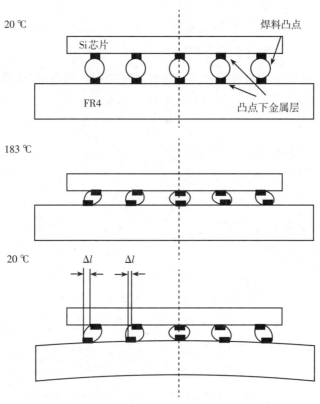

图1.18　不同温度条件下由热膨胀系数不同而引起的焊点变形示意图[34]

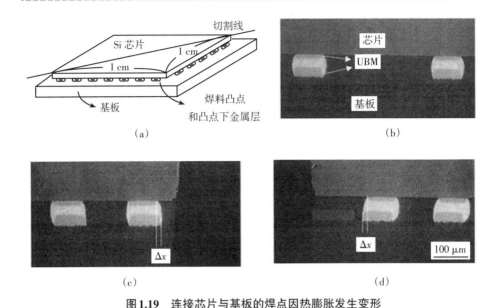

图 1.19　连接芯片与基板的焊点因热膨胀发生变形

（a）芯片与 FR4 基板经焊点连接的示意图；（b）经历热膨胀之后中心焊点的显微照片；

（c）右侧焊点的变形形貌；（d）左侧焊点的变形形貌[34-35]

　　表 1.2 列出了几种常见无铅焊料的弹性模量、极限拉伸强度、剪切强度、延伸率和断裂韧性参数，对于软钎焊焊料而言，室温时，归一化温度（T/T_m，热力学温度之比）很高，蠕变是一种重要的变形过程。表 1.3 列出了一些无铅焊料的蠕变速率，很明显，在 333 K（设备器件最常暴露的中等加热温度）时，焊料合金的抗蠕变性能依次增强的顺序为：Sn-Cu，Sn-Pb，Sn-Bi-Zn，Sn-Ag，Sn-Zn，Sn-Bi。在 393 K 高温下，焊料合金的抗蠕变性能依次增强的顺序为：Sn-Cu，Sn-Bi-Zn（Sn-Pb），Sn-Bi，Sn-Ag，Sn-Zn。很明显，在这两种温度条件下，Sn-Zn 焊料、Sn-Ag 焊料和 Sn-Bi 焊料均具有比 Sn-Pb 焊料更好的抗蠕变性能。目前，有关焊点力学性能的研究有很多，主要集中在焊点的拉伸强度、剪切强度和疲劳性能方面。

　　（1）拉伸强度

　　在拉伸实验中，焊点的强度和断裂位置与焊点的微观组织和加载速率有关，断裂多发生在焊接界面附近，或发生在靠近焊接界面的焊料内部，或发生在界面化合物层内部，亦或者是二者相结合的混合断裂。热时效处理以后，界面化合物层厚度增加，焊料组织粗化，焊点的抗拉强度一般会下降[36-37]，如图 1.20 和图 1.21 所示。

表 1.2　无铅焊料的力学性能参数[38-44]

焊料合金	力学性能				
	弹性模量/MPa $3.3×10^{-5}$/s	极限拉伸强度/ MPa $3.3×10^{-5}$/s	剪切强度/MPa $5.5×10^{-4}$/s	延伸率/%	断裂韧性/MPa
Sn-38Pb	15 23($5×10^{-5}$/s)	27	36	40	850
Sn-0.7Cu	24	29	30	23	597
Sn-3.5Ag	23	36	53	48	1397
Sn-9Zn	31	47	63	60	2344
Sn-58Bi	42	58	41	11	531
Sn-57Bi-1.3Zn	52	72	61	27	1672
Sn-3.1Ag-1.5Cu	—	48 ($6.56×10^{-4}$/s)	—	36 ($6.56×10^{-4}$/s)	—

表 1.3　无铅焊料的蠕变速率[38]

焊料合金	蠕变速率/($×10^{-5}$mm·s^{-1})	
	333 K	393 K
Sn-38Pb	9	300
Sn-58Bi	0.15	30
Sn-3.5Ag	1.6	20
Sn-0.7Cu	100	700
Sn-9Zn	1	6
Sn-57Bi-1.3Zn	7	300

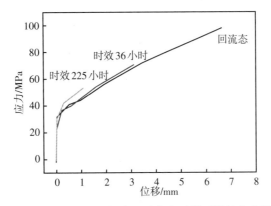

图 1.20　Sn4Ag 焊点回流态和时效后的拉伸曲线[36]

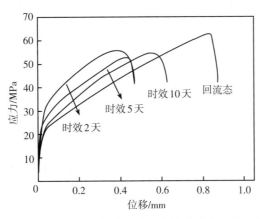

图 1.21　Sn3Cu 焊点回流态和热时效后的拉伸曲线[37]

　　加载速率或者说应变速率也能影响焊点的拉伸性能，即使是微观组织相同的样品，在不同的加载速率下，抗拉强度和拉伸断裂模式均有可能发生改变。一般来讲，加载速率增大，应变速率升高，抗拉强度提高，但延伸率降低[45-57]。低应变速率下，焊点的断裂发生在靠近焊接界面的焊料内部，断面可观察到大量的尺寸不等的韧窝，属于延性断裂；高应变速率下，在硬而脆的界面化合物层内部，应力集中严重，界面化合物发生断裂，断面平整光滑。研究人员发现，抗拉强度与加载速率满足如下关系

$$\sigma = C(\dot{\varepsilon})^m \tag{1.1}$$

其中，σ 代表拉伸强度，$\dot{\varepsilon}$ 代表应变速率，C 是常数，m 代表焊料的应变速率

敏感指数[52-53, 58]，如图1.22所示。

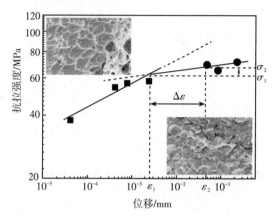

图1.22　Cu/Sn-3Cu焊点在160 ℃时效5天后应变速率与拉伸强度的关系（对数坐标）[37]

（2）剪切强度

焊点服役过程中，由于焊料与电路板基体材料热膨胀系数不同，焊点主要承受剪切载荷。回流时间、冷却速度和热时效等因素通过影响焊料微观组织和焊接界面金属间化合物层而影响焊点的剪切强度。焊点的剪切强度主要取决于焊料的强度。一般来讲，在相同的测试条件下，焊料合金强度越大，焊点的剪切强度越大。界面化合物层和焊点的剪切变形断裂行为密切相关，有限元模拟结果显示，焊点在承受剪切载荷时，在焊点边缘的焊接界面附近应力集中最为严重[59]。回流态界面化合物层较薄，Cu_6Sn_5化合物呈扇贝状或柱状形貌，断裂多发生在靠近界面的焊料内部，断面可观察到大量的由锡的韧性断裂产生的韧窝，而热时效之后，除了焊料微结构粗化外，界面化合物层增厚，形貌变得平坦，同时Cu_6Sn_5化合物层与铜基体之间又出现了Cu_3Sn化合物，界面化合物所占焊料的体积分数增大，这些变化均会影响界面附近的局域应力分布状态，进而影响裂纹的萌生与扩展行为。随着界面化合物层增厚，焊点剪切强度降低，Lee等人观察到，当界面化合物层厚度为1~10 μm时，裂纹起源于Cu_6Sn_5顶部，与Cu_6Sn_5/焊料界面成45°角向焊料内部扩展[60]。当界面化合物层厚度很厚时（大于20 μm），断裂位置往往发生在Cu_6Sn_5和Cu_3Sn界面。焊点的剪切强度对应变速率敏感，剪切强度随着剪切应变速率的增加而增大[54]。

（3）热疲劳行为

电子设备在服役过程中，经常会经历较大的温度变化，一些电子元器件也会频繁地通断电，由于电子设备中各材料的热膨胀系数不同，焊点会承受由热膨胀系数不同而引起的周期性应力应变，在高温停留阶段，还会伴随焊点的组织演化，应变的失稳基本上由焊点来承担，周期性的应力应变作用导致焊点中裂纹的萌生和扩展，最终发展成连接失效。为评估焊点在温度周期变化条件下的可靠性，人们通常采用温度循环实验，即热疲劳实验，若采用真实的服役条件进行温度循环实验，实验周期很长，成本较高，因此，通常采用加速升降温的实验条件，虽然加速升降温条件下的疲劳寿命远小于真实服役寿命，但破坏机理是相似的。温度循环实验中，变温速率和高低温的保温时间是影响焊点变形断裂行为的重要因素。焊点疲劳损伤的引发和积累发生在升降温阶段，而高温保温阶段促进了微观组织演化。在低频率下，焊料表面疲劳裂纹沿β-Sn 枝晶晶界萌生；而高频率下，在β-Sn 枝晶内的亚晶界处出现，而后连接成宏观裂纹，裂纹扩展可能以穿晶或者沿晶机制发生[61-62]，如图1.23所示。

目前，很多学者研究了热循环过程中界面化合物层的演化，热循环过程中，界面化合物层厚度往往会增加[21, 63]，焊点要承受热效应和剪切应力循环，切应变能够促进原子扩散和化合物的生成[64-66]。Qi等人观察到，Sn3.5Ag0.5Cu/Cu焊点在25~125 ℃热循环过程中，随着Cu原子与Sn原子反应生成Cu_6Sn_5，界面化合物层增厚。随着Sn 和Cu 原子的消耗，界面附近的Ag 原子相对增多，Ag原子会在界面Cu_6Sn_5化合物上与Sn 反应生成Ag_3Sn，如图1.24所示，Ag_3Sn在Cu_6Sn_5上形核长大，对界面化合物Cu_6Sn_5的生长又起到抑制作用[26]。

图1.23　疲劳过程中Sn3.8Ag0.7Cu合金表面疲劳裂纹[62]

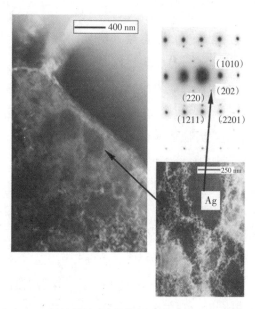

图1.24　Sn3.5Ag0.5Cu/Cu焊点内部分Cu_6Sn_5化合物附近的
透射电子显微照片（2~125 ℃循环24周）[26]

　　温度循环过程中，界面附近的应力分布与界面化合物形貌有关，Ronnie等人研究了热循环作用下Sn3.5Ag0.7Cu焊点和界面化合物的微结构演化，发现热循环过程中，针状或半球状的$(Cu,Ni)_6Sn_5$化合物晶粒演化成大的半球状形貌，并且破碎进入焊点内[67]。有限元分析显示针状形貌的化合物的应力集中在化合物顶部，而半球状形貌的化合物的最大应力分布在根部，如图1.25所示，化合物的形貌改变和热循环引起的剪切应力导致界面化合物的断裂。

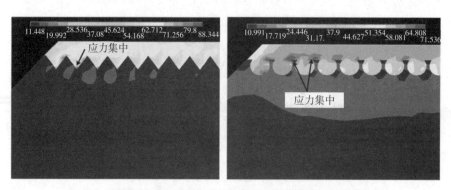

图1.25　有限元模拟的不同形貌界面化合物附近的应力分布[67]

第2章　Sn-Cu焊点的变形断裂行为与尺寸效应

　　电子产品中的焊点既能在芯片与基板之间提供机械连接，也是电流通道，因此，电子封装中焊点的可靠性成为影响电子产品整机可靠性的重要因素。而电子封装件的焊点在服役过程中伴随着循环的热–机械应力作用和较高密度的电流作用，焊点承受的载荷是多种载荷的复合，大部分电子产品的机械失效都发生在焊点处。由于焊料与基体材料及电路其他部分的热膨胀系数不同，当温度发生变化时，焊点会承受由热膨胀系数不同而引起的应力应变，电子元器件通过焊点与基板相连，基板与焊料之间的热膨胀系数不同导致焊点承受的主要载荷为剪切载荷[34]；当服役温度较高，基板发生热弯曲变形时，球栅阵列边缘的焊点还承受比较大的拉伸载荷。对一些可移动电子设备而言，碰撞、跌落、移动、冲击等因素也可以使焊点受力[7]。此外，由于锡基焊料合金的熔点低，室温条件下，归一化温度即可达到0.6左右，高的归一化温度使得焊点在服役过程中除了承受上述应力外，还会发生回复和再结晶[68-70]，微观上伴随着位错攀移和晶界滑动等组织变化。大多数的拉伸或剪切测试实验只能观察到最终的断裂形貌，对焊点的微观变形断裂过程的细节信息的了解尚不明晰。针对这种情况，本章以Sn-Cu无铅焊料为例，介绍了扫描电子显微镜和原位拉伸台相结合的方法，使用装备于扫描电镜上的原位拉伸台对Sn3Cu/Cu焊点进行拉伸和剪切的力学测试，可以实时观察焊点的变形断裂过程，可以根据实验测试结果，分析焊点在拉伸和剪切载荷条件下的变形断裂机制。

　　随着电子封装技术朝着小、薄、精方向发展，焊点的尺寸越来越小，由于焊接基体对焊点的几何维度约束，焊点尺寸的变化必然对其性能产生影响，有关焊点尺寸对抗拉强度的影响已有很多研究报道[71-74]，Orowan等人很早就研究了硬焊点断裂强度与焊点几何尺寸的关系[73-76]，指出焊点的断裂强度并非单纯地与某一个维度尺寸相关，而是受多个维度尺寸共同约束，他们预判焊点的断裂强度可以写作

$$\sigma_{\mathrm{F}} = \left(1 + \frac{d}{6t}\right)\sigma_{\mathrm{UTS/Y}} \tag{2.1}$$

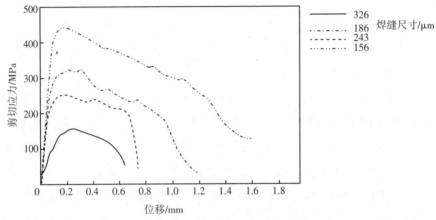

图2.1　不同尺度Sn3.5Ag焊点的剪切位移曲线[81]

其中，d是焊点直径，t是焊料厚度，$\sigma_{\mathrm{UTS/Y}}$代表焊材的屈服强度或极限拉伸强度，使用极限拉伸强度计算的结果对应焊点断裂强度的上限，而使用焊材屈服强度计算的结果是焊点拉伸断裂强度的下限。在实际应用中，为方便起见，人们经常使用极限拉伸强度进行计算。1971年，Saxton等人根据Orowan公式，开展了一系列实验研究，研究了硬质焊点焊缝宽度与焊点拉伸强度的关系，并且指出对于焊缝较宽的焊点还应考虑焊料对硬化行为的影响[77-79]。近年来，软钎焊焊点的尺寸约束效应引起研究人员的广泛关注[71-72, 80]，Zou和Zimprich等人分别设计了不同焊缝尺寸的无铅焊料焊点，研究了焊缝尺寸与焊点抗拉强度的关系，他们将Orowan公式应用到Sn3Cu/Cu和Sn3.5Ag/Cu软钎焊焊点的拉伸实验中，发现理论公式与实验结果一致[37, 81]。对于电子元件中的焊点而言，服役过程中，主要承受由焊料与基体热膨胀系数不同而引起的剪切载荷。那么，焊点的剪切强度与焊点的几何尺寸存在怎样的关系呢？Zimprich等人研究了

Sn3.5Ag/Cu 焊点的剪切应力与焊缝尺寸的关系后发现，随着焊料厚度的减小，焊点最大剪切力增大 [81]，如图 2.1 所示。尽管目前研究人员已开展了大量的关于无铅焊料焊点剪切变形断裂的实验研究 [28, 30, 81-85]，但尚不清楚焊点剪切强度与焊点几何尺寸之间的理论关系，针对这一问题，本章仍然以 Sn-Cu 无铅焊料为例，分析了 Sn3Cu/Cu 焊点几何尺寸与剪切强度的关系，结合剪切过程原位观察结果和强度理论，提出了焊点剪切强度与几何尺寸之间的关系公式。

2.1　Sn3Cu/Cu 焊点的拉伸变形断裂行为

选用冷拔多晶铜为基体材料，其纯度为 99.99%，屈服强度约 200 MPa。所用焊料是以高纯 Sn 和高纯 Cu 为原料在 800 ℃真空熔炼 30 min 而制成的 Sn3（wt%）Cu 合金。样品准备过程如下：首先，用电火花线切割机从大块铜板上按照设计好的尺寸切成如图 2.2 所示小块铜做基体材料，将准备与焊料进行回流焊接的切面依次使用 800#、1000#、2000#的 SiC 砂纸打磨。其次，依次使用粒度分别为 2.5，1.0，0.5 μm 的金刚石研磨膏进行机械抛光，获得平整光亮的表面，之后使用铜抛光液进行电解抛光，电解抛光液配方为：蒸馏水 1000 mL、磷酸 500 mL、酒精 500 mL、尿素 10 g、异丙醇 100 mL，抛光电压为 10 V，抛光时间 40 s，使用线切割机，将 Sn3Cu 焊料合金切成薄片，再用砂纸进行打磨（800#、1000#、2000#）。最后，将准备好的焊料薄片表面涂上焊锡膏，贴在抛光后的铜基体表面，放入温度设置为 260 ℃的恒温炉中，待焊料熔化后，保温 5 min，然后将试样从恒温炉中取出，在空气中冷却至室温。为获得平整光亮的焊点表面，将焊接好的试样按照上述打磨和机械抛光的方法进行机械抛光。拉伸实验焊点尺寸为 2.0 mm×1.5 mm×0.68 mm，焊点的拉伸实验在如图 2.3 所示的 Gatan MTEST2000ES 原位拉伸台上进行，加载速率为 5.5×10⁻⁴ mm/s，拉伸过程使用 LEO supra 35 场发射扫描电子显微镜进行跟踪观察。原位剪切实验焊点尺寸为 2.5 mm×1.5 mm×0.5 mm，焊点的剪切实验是通过图 2.2 所示的特殊形状设计，将施加在铜基体上的拉伸载荷转换为焊点承受的剪切载荷的。

焊点剪切强度与焊点尺寸关系实验所需样品的准备过程与上述制备剪切试

样的方法相同，在相同条件下制备了不同焊点尺寸的5个试样，试样的厚度均为1.5 mm，此组试样的剪切实验在Instron E1000拉伸试验机上进行，拉伸速率为0.0025 mm/s。使用LEO supra 35扫描电镜观察断裂表面，断面物质成分通过能谱（EDS）分析。

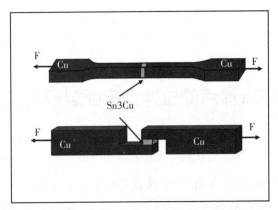

图2.2　拉伸实验和剪切实验中焊点的形状与加载方向

图2.3　Gatan MTEST2000ES原位拉伸台

2.1.1　Sn3Cu/Cu焊点拉伸变形断裂特征

图2.4是图2.2试样焊点的拉伸应力位移曲线，拉伸至图中曲线 A 位置时，拉伸台横梁暂停移动，利用扫描电镜观察焊接界面附近和远离界面的焊料表面变形情况，由于焊料熔点较低，归一化温度高，室温下即可发生回复和蠕变，焊料组织通过原子扩散和位错运动，产生应力松弛。观察完毕后，继续加载，拉伸曲

线至C位置，再次暂停横梁的移动进行观察，如此反复，至焊点断裂。

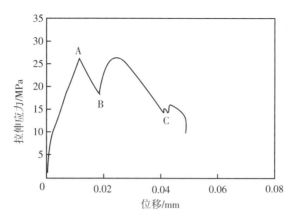

图2.4　Sn3Cu/Cu焊点原位拉伸应力-位移曲线

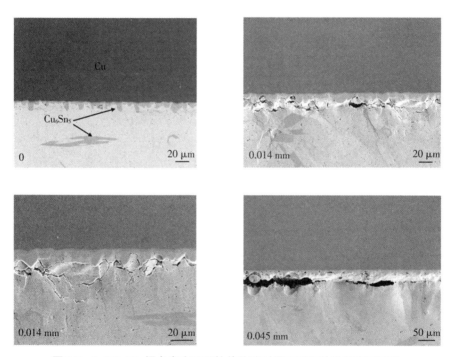

图2.5　Sn3Cu/Cu焊点发生不同拉伸位移时界面附近的微观变形形貌

　　图2.5是Sn3Cu/Cu焊点焊接界面附近微观组织的显微照片，在铜基体与Sn3Cu焊料之间，形成了一层扇贝状的Cu_6Sn_5金属间化合物，焊料由锡和一些

分散其中的形状不规则的Cu_6Sn_5化合物组成。在位移为$0.014\ mm$时，靠近界面Cu_6Sn_5层的焊料内出现微裂纹，靠近界面化合物层的焊料已经发生塑性变形，而铜基体只是发生弹性形变。当位移达到$0.014\ mm$时，焊料内部的Cu_6Sn_5化合物并未出现断裂，微裂纹起源于焊接界面化合物层和焊料界面附近，并沿一定角度向焊料内部扩展，当位移达到$0.045\ mm$时，界面附近的焊料塑性变形加剧，界面附近的微裂纹已彼此连接发展成平行于焊接界面的宏观裂纹。

图2.6是距离焊接界面稍远的焊料表面的变形形貌，当位移达到$0.014\ mm$时，远离焊接界面的焊料内尚未出现严重的塑性变形，但焊料内部的一些Cu_6Sn_5化合物内部出现微裂纹，由于锡具有很好的塑性，金属间化合物Cu_6Sn_5硬而脆，在焊料内部，一些Sn/Cu_6Sn_5界面出现了由应变失稳引起的变形台阶。当位移达到$0.045\ mm$时，焊接界面稍的焊料内也出现了严重的塑性变形，在锡的表面观察到一些滑移带，同时一些锡晶粒晶界处出现微裂纹。

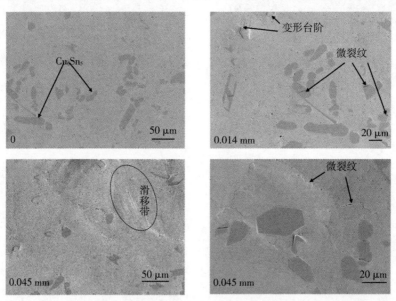

图2.6　Sn3Cu/Cu焊点发生不同拉伸位移值时远离界面的焊料的微观变形形貌

图2.7是拉伸断面的微观形貌，断面边缘被发生严重塑料变形的锡所覆盖，而焊点内部断裂形貌可分为两个区域，如图2.7（a）所示，A区域分布着大量的尺寸不等的韧窝，而B区域断面则主要是平整光滑的形貌。图2.7（b）是焊点边缘断裂形貌，在焊点边缘（靠近表面位置）没有发现Cu_6Sn_5

化合物，说明焊点表面的断裂发生在焊料内部，从焊点表面向里，断面上可观察到大量的韧窝。图2.7（c）是放大的韧窝照片，在很多韧窝底部可以看到形貌保持完好的Cu_6Sn_5化合物，说明此处的裂纹萌生于Cu_6Sn_5/Sn界面处，而后沿一定角度向焊料内扩展，最终发生断裂。图2.7（d）是（a）中B区域的放大形貌，图2.7（e）（f）是对（d）中矩形区域进行能谱分析的结果。通过能谱（EDS）分析结果可知，图2.7（d）中大量的平整断面的成分是Cu_6Sn_5，平整光滑断面表明此处焊接界面的Cu_6Sn_5化合物发生了脆性断裂。

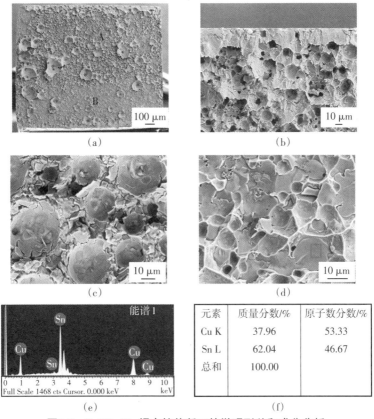

元素	质量分数/%	原子数分数/%
Cu K	37.96	53.33
Sn L	62.04	46.67
总和	100.00	

图2.7　Sn3Cu/Cu焊点拉伸断口的微观形貌和成分分析

（a）断口全貌；（b）焊点边缘附近断裂形貌；（c）图（a）中A区域的放大形貌；

（d）图（a）中B区域的放大形貌；（e）图（d）中矩形区域的能谱成分；

（f）图（d）中矩形区域的成分比例

2.1.2 Sn3Cu/Cu焊点拉伸变形断裂机制

图2.8是焊点拉伸变形机制示意图，在界面附近区域，由于Sn、Cu_6Sn_5和铜基体的弹性模量相差较大，在拉应力作用下，很容易发生应变失稳。界面附近区域的应力分布非常复杂，与界面化合物形貌厚度及加载速率有关，就焊点而言，界面化合物附近应力集中最为严重，随着外加载荷的不断增大，应变失稳越来越严重，达到一定程度，微裂纹在Cu_6Sn_5/Sn界面萌生，连接面积减少，真应力增大，微裂纹迅速向焊料内部扩展，临近表面的区域受到较强的剪切作用，裂纹不容易在Cu_6Sn_5/Sn界面萌生，因此，在焊点断面上，靠近表面的区域并未观察到Cu_6Sn_5化合物。随着界面附近微裂纹的萌生与扩展，界面附近的微裂纹相互连接成为宏观裂纹，焊点内部的应力状态进一步发生改变，一些Cu_6Sn_5内部应变集中严重，在化合物根部或中部发生了脆性断裂。

常温下焊料中锡的结构为正方晶系[33]，称为β-Sn，共有12个滑移系[86]，位错运动是其主要的变形方式[30]，焊料中的β-Sn由许多位相不同的小晶粒组成，在应力作用下，β-Sn很快屈服，处于有利位相的晶粒中取向因子最大的滑移系首先起动，已发生塑性变形的晶粒内，滑移面上的位错源会不断产生位错，大量位错沿滑移面运动，发生位错的交割。由于周围晶粒取向不同，运动的位错不能穿越晶界，便在晶界面处塞积，在位错塞积群的顶端产生高的应力集中，因此，在远离焊接界面的焊料内会出现微观断裂。

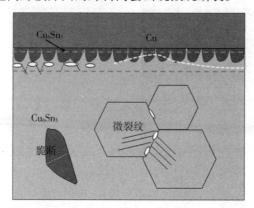

图2.8 拉伸载荷下Sn3Cu/Cu焊点变形行为示意图

2.2　Sn3Cu/Cu 焊点的剪切变形断裂行为

图 2.9 是 Sn3Cu/Cu 焊点的原位剪切应力位移曲线，实验进行至图中 A、B、C、D、E、F 位置时，原位拉伸台横梁暂停移动，利用扫描电镜观察焊点的微观变形断裂情况，此时曲线上出现了应力松弛。图 2.10 分别是剪切位移达到 0.03，0.22，0.56 mm 时焊接界面附近的扫描照片，随着剪切应变的增加，焊料的塑性变形越来越严重，对比图中圈出的组织，可以发现晶粒发生了转动，而且焊料中的 Cu_6Sn_5 化合物应力集中严重，应力集中到一定程度，发生断裂破碎。Zhang 等人在 Sn-4Ag/Cu 焊点的蠕变疲劳实验中，通过背散射（EBSD）技术也观察到焊料组织晶粒细化现象[87]。图 2.11 是远离焊接界面的焊料在剪切位移为 0，0.22，0.56 mm 时的扫描照片，由此可以看出，随着剪切应变的逐渐增加，焊料中锡晶粒发生了细化，晶界处出现微裂纹，同时焊料中的 Cu_6Sn_5 化合物内部应变集中严重，发生断裂。

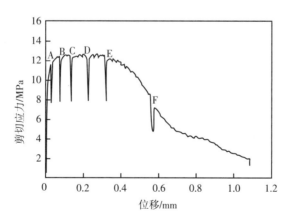

图 2.9　Sn3Cu/Cu 焊点剪切载荷下的应力位移曲线

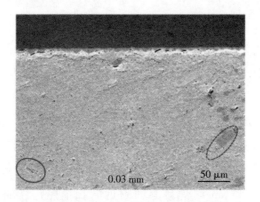

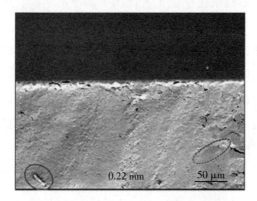

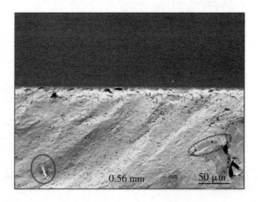

图2.10　剪切变形过程中不同位移处Sn3Cu/Cu焊点界面附近微观变形形貌

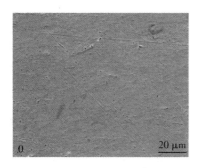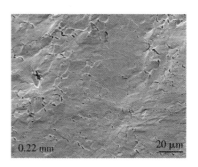

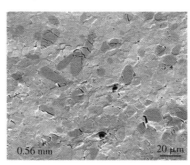

图2.11　剪切载荷下不同位移处Sn3Cu/Cu焊点远离界面的焊料的微观变形形貌

图2.12（a）（b）分别是剪切位移达到0.56 mm和1.09 mm时的宏观裂纹，宏观断裂首先出现在焊点的边角处。在Zhang等人的Cu/Sn-Bi焊点剪切实验和Lee等人的Cu/Sn-Ag-Cu焊点热循环实验中，剪切断裂也最先出现在焊点的边角处，如图2.13所示[88-89]。这些实验结果均表明剪切变形过程中焊点的边角处的应力集中最严重。其他文献中也有剪切载荷下晶粒转动的报道，如图2.14

（a）　　　　　　　　　　　　　　　（b）

图2.12　剪切载荷下Sn3Cu/Cu焊点边角处的变形断裂形貌

（a）位移为0.56 mm；（b）位移为1.09 mm

所示，Sn3.8Ag0.7Cu/Cu焊点在125 ℃承受剪切载荷（0.005 mm/min）3 h后的显微照片中，很明显，在高温和剪切载荷下，焊料中的富锡相和Ag₃Sn-Sn共晶区域发生了粗化，并且微结构在对角线方向上有伸长趋势，晶粒发生了转动[18]。

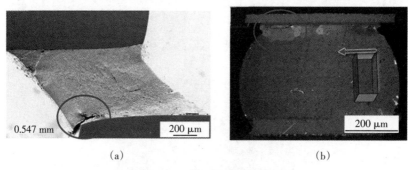

（a）　　　　　　　　　　　　　　（b）

图2.13　Sn-Bi/Cu焊点的剪切变形

（a）Sn-Bi/Cu焊点的剪切变形[88]；

（b）Sn3Ag0.5Cu/Cu焊点温度循环6400周（0~100 ℃）后的损伤形貌[89]

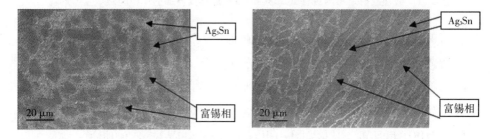

图2.14　高温剪切载荷下Sn3.8Ag0.7Cu焊料的微结构演化

（a）回流态Sn3.8Ag0.7Cu焊料在常温下的微观形貌[18]；

（b）125 ℃条件下以0.005 mm/min的速率施加剪切载荷加载3 h后Sn3.8Ag0.7Cu焊料的

微观形貌[18]

图2.15是Sn3Cu/Cu焊点剪切断面的扫描照片，图2.15（a）断口上全部是断裂的β-Sn，表明剪切断裂发生在焊料内部，断口上分布着沿剪切方向拉长的韧窝，锡晶粒间布满微裂纹。图2.15（b）中断面上，除了断裂的锡外，还可观察到少量的尺寸较小的圆形韧窝，韧窝底部可发现扇贝状的Cu₆Sn₅，表明该位置的微裂纹萌生于Cu₆Sn₅/焊料界面。由于焊料的熔点低，归一化温度在室

温下即可达到0.6左右，在应力作用下，极易发生蠕变。伴随着位错的滑移和晶界滑动，随着剪切载荷的增加，晶粒内部滑移不断增加，位错密度增大，较高的归一化温度使得位错可以通过滑移和攀移形成亚晶，使晶粒细化，但是，晶界滑动可能导致晶界处产生裂纹，发生晶粒破碎。焊点在承受剪切载荷时，由于焊点的两个焊接界面间存在一定的距离（即焊料的高度），相当于在焊点上施加了一个力偶矩，此力偶矩具有使焊料发生转动的趋势，为了抵御此转动趋势，焊料内部必然产生一种反向的力偶矩，当反向力矩不能与外力矩平衡时，晶粒发生转动，而晶粒的转动又加剧了晶界处的应力集中，再加上位错滑移在晶界处的塞积，最终导致晶界裂纹的产生。

 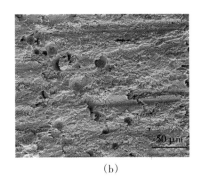

(a)　　　　　　　　　　　　　　　　(b)

图 2.15　Sn3Cu/Cu焊点剪切断裂的断口形貌

（a）β-Sn的断面；（b）包含 Cu_6Sn_5 化合物的断面

2.3　Sn3Cu/Cu焊点剪切强度的尺寸效应

本节介绍焊点剪切强度与焊点尺寸的关系，为了方便表达，对焊点的几何尺寸分别用不同的符号表示，如图2.16所示，图中 h 表示焊料的高度，l 代表焊料的宽度，试样的厚度用 b 表示，5个试样焊点中焊料高度分别为 $h=2172$，2073，1533，1649，890 μm，焊点宽度分别为 $l=1922$，2355，2395，3664，4045 μm。根据实验结果和2.2节中剪切过程焊料晶粒发生转动的现象，利用强度理论，分析剪切强度与焊点尺寸的关系。

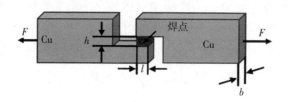

图2.16　剪切试验焊点的设计形状与尺寸表征示意图

图2.17是5个试样的剪切应力-位移曲线，定义切应力的最大值为焊点的剪切强度，可以发现，剪切强度随着焊点的高宽比变化而变化，因为铜基体的屈服强度远大于Sn3Cu焊料的强度[37]，所以变形主要集中在焊料内部，在加载的初始阶段，切应力线性增加，之后，逐渐进入屈服阶段，伴随着复杂的位错运动，处于有利位相的锡晶粒中取向因子最大的滑移系首先起动，周围位相不利的晶粒滑移系上的分切应力尚未达到临界值，仍处于弹性变形状态，随着晶粒的转动和应力状态的改变，越来越多的晶粒内滑移系开动，焊料的塑性形变不断增加。发生塑性变形的晶粒内，滑移面上的位错源会不断地产生位错，大量的位错沿滑移面运动，发生位错的交割塞积，在位错塞积群的顶端，产生

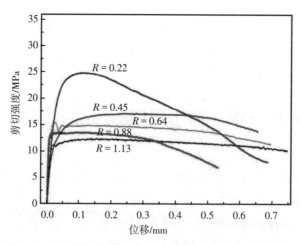

图2.17　不同高宽比下Sn3Cu/Cu焊点的剪切应力位移曲线

高的应力集中，诱发微裂纹的产生，最后名义应力下降，直至焊点发生宏观断裂。由图2.17可以发现，焊料高宽比R越大，其屈服阶段越长，但剪切强度

小。随着焊料高宽比R的增大，焊料的屈服阶段缩短，焊点剪切强度增大，焊点的剪切强度与焊料高宽比R的关系如图2.18所示。

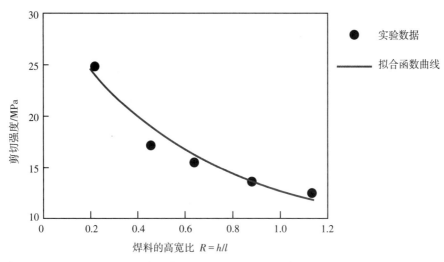

图2.18 焊点最大剪切应力与焊点高宽比R的关系

图2.19是焊点在切应力作用下的应力分析示意图，施加在铜基体上的外力F通过试样形状的特殊设计被转化为施加在焊点上的剪切力，焊点承受的剪切应力τ等于外力F除以焊点的焊接面积S，即

$$\tau = \frac{F}{S} \tag{2.2}$$

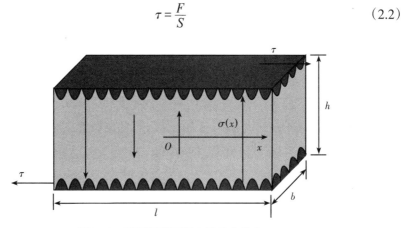

图2.19 剪切载荷下焊点的应力分布

由于两个焊接界面间存在一定的距离（焊料的高度h），切应力产生了力矩作用，必然使焊点产生转动趋势，界面化合物层Cu_6Sn_5比较硬，外加力矩作用主要由焊料承担，焊料内部出现反抗转动趋势的应力，并且焊料内部的应力分布是非均匀的，以焊料中心为坐标原点，沿外加切应力方向为x轴建立坐标系，如图2.19所示。法向应力σ来源于界面化合物层和铜基体的牵拉作用，法向应力分布是非均匀的，根据2.2节的实验结果和其他文献中报道的剪切断裂总是首先发生在焊点边处[88-89]，说明焊点边角处应力最大，因此，假设法向应力为

$$\sigma(x) = qx^n \tag{2.3}$$

其中，q和n是与材料相关的参数，在焊料内部，取一微小体积元dV，焊料所受总力矩等于无数微小体积元所受力矩的和，焊料未发生破坏之前，由力矩平衡可得

$$Fh = 2\int_0^{l/2} bx\sigma(x)\mathrm{d}x = 2\int_0^{l/2} bxqx^n\mathrm{d}x = \frac{2qb}{n+2}\left(\frac{l}{2}\right)^{n+2} \tag{2.4}$$

由式（2.4）可解出参数

$$q = \frac{(n+2)Fh}{2b\left(\dfrac{l}{2}\right)^{n+2}} \tag{2.5}$$

代入法向应力表达式，可得

$$\sigma(x) = \frac{(n+2)Fh}{2b\left(\dfrac{l}{2}\right)^{n+2}}x^n \tag{2.6}$$

法向应力值与外力F和焊点的几何尺寸有关。根据莫尔强度理论，材料的强度不仅与切应力有关，而且与法向应力有关，是二者综合作用的结果，材料的破坏失效发生在切应力与法向应力组合最不利的位置。对某一材料而言，极限应力圆有唯一的包络线，超出此包络线，材料发生失效破坏。在实际应用中，包络线取直线可写成以下形式

$$\tau + \mu\sigma = \delta \tag{2.7}$$

其中，δ代表材料发生破坏的临界值，μ是与材料相关的参数，将焊料的切应力和法向应力表达式（2.2）和表达式（2.6）代入式（2.7），材料发生破坏的临

界条件对应剪切应力达到最大值，即载荷达到最大值，根据以上分析，则可得到方程式（2.8），即

$$\frac{F_{max}}{bl}+\mu\frac{(n+2)F_{max}h}{2b\left(\frac{l}{2}\right)^{n+2}}\cdot\left(\frac{l}{2}\right)^{n}=\delta \tag{2.8}$$

解得最大切应力

$$\tau_{max}=\frac{F_{max}}{bl}=\frac{\delta}{1+2(n+2)\mu\cdot\frac{h}{l}} \tag{2.9}$$

为简化表达式，令

$$2(n+2)\mu=\lambda \tag{2.10}$$

$$\frac{h}{l}=R \tag{2.11}$$

则最大切应力的表达式可简化为

$$\tau_{max}=\frac{\delta}{1+\lambda R} \tag{2.12}$$

式中，δ 和 λ 是与材料相关的常数，而 R 是焊料的高度 h 与宽度 l 之比。由以上分析可知，焊点的剪切强度不仅与焊料本身的性能有关，而且还与焊点的几何尺寸有关，这里的尺寸并不是单纯指焊点内焊料的高度一个维度，而是焊点内焊料高度与焊点宽度的比值。

利用 Origin 软件对图 2.18 的数据进行曲线拟合，使用下面的曲线方程拟合较好，与理论分析公式相吻合。

$$\tau_{max}=\frac{32}{1+1.5R} \tag{2.13}$$

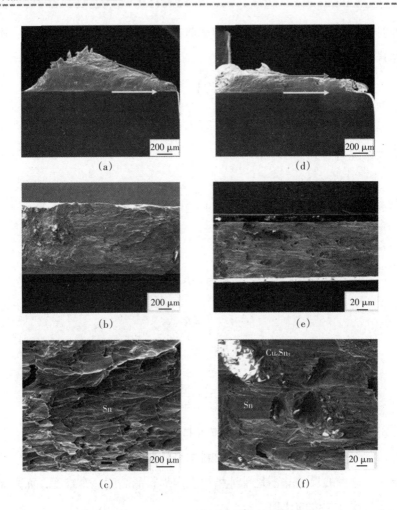

图 2.20 Sn3Cu/Cu 剪切断裂的断裂特征

（a）$R=1.13$，侧面形貌；（b）$R=1.13$，断口宏观形貌；

（c）$R=1.13$，放大的微观断口形貌；（d）$R=0.22$，侧面形貌；

（e）$R=0.22$，断口宏观形貌；（f）$R=0.22$，放大的微观断口形貌

图 2.20 显示了不同焊料高宽比的焊点的剪切断裂的侧面和断口照片，图 2.20（a）~（c）对应与焊料高宽比 $R=1.13$ 的试样，而图 2.20（d）~（f）对应于 $R=0.22$ 的试样，由图 2.20 可以看出，$R=1.13$ 的试样断面与焊接界面成一定的角度，约为 22°角；而 $R=0.22$ 的试样断面与焊接界面接近平行。表明对于不同尺寸焊点的焊料，在发生严重塑性变形并产生微裂纹后，裂纹的扩展方向是

不同的，这是与焊点的尺寸约束参数 R 会影响法向应力分布相关的。

剪切断面上可以观察到大量的被拉长的韧窝，这种断裂特征与参考文献[81, 85]报道的结果是相似的，不同 R 值焊点的断面特征不尽相同，对于 $R = 1.13$ 的试样，断面上全部都是断裂的 Sn，被拉长的韧窝表明断裂模式是发生在 β-Sn 内的韧性断裂；而对于 $R = 0.22$ 的试样，断面上除了拉长的韧窝形貌以外，还观察到一些平整光亮的断面，经能谱（EDS）分析可知，该处断面成分为 Cu_6Sn_5，表明该试样的断裂模式包含两种：一种是 β-Sn 的韧性断裂，另一种是金属间化合物 Cu_6Sn_5 发生的脆性断裂。由此可以推断，随着焊点中焊料高宽比 R 的减小，断裂模式逐渐由韧性断裂过渡为包含韧性断裂和脆性断裂的混合断裂。

第3章　Sn-Ag-Cu焊点的微观组织与力学性能

目前已经开发出的无铅焊料多达几十种，在诸多无铅焊料中，鉴于Sn-Ag-Cu合金良好的力学性能，Sn-Ag-Cu合金是世界发达地区选用较多的焊料类型，该合金被认为是最有可能取代传统锡铅焊料的合金[90]。Sn-Ag-Cu合金的共晶温度为217 ℃，该三元合金的共晶点组分不是唯一的，Cu的质量分数范围为0.2%~3.0%，Ag的质量分数变化范围为3.0%~4.7%，在此范围变化合金成分对熔点的影响不明显。美国国家电子制造协会（NEMI）建议将Sn3.9Ag0.6Cu合金用于回流焊，Sn0.7Cu合金用于波峰焊，日本电子信息技术产业协会（JEITA）建议Sn3.0Ag0.5Cu合金用于回流焊，Sn-Ag合金和Sn-Zn-Bi作为备选，建议波峰焊也使用Sn3.0Ag0.5Cu合金，以Sn-Cu合金作为备选。但无论哪种无铅合金，与传统的锡铅合金相比，从基本的物理性质、使用工艺到焊点的可靠性，都存在各种各样的缺点，Sn-Ag-Cu无铅焊料的可靠性，仍然是值得继续探讨的问题。焊点的力学性能是决定其可靠性的重要一环，因此，对焊点力学性能的全面理解是评估焊点可靠性所必需的。焊点的力学性能与焊点的微观组织和外加载荷以及服役环境有关，主要取决于焊点的微观组织，而Sn-Ag-Cu焊点由连接基体、焊接界面的金属间化合物层、β-Sn枝晶和焊料内部的Ag_3Sn金属间化合物和Cu_6Sn_5金属间化合物组成，这些微观组织的形貌状态能够直接影响到焊点的整体性能。近年来，已经有一些关于Sn-Ag-Cu焊料和焊点的可靠性研究，然而，很多研究主要侧重于获得一些数据和观测现象，对于焊点微观组织演化机制涉及较少。

　　无论哪种焊料，在回流焊接过程中，焊接界面都会形成一层金属间化合物，由于金属间化合物是硬而脆的，界面化合物层的演化能够影响焊点的力学性能，而焊料内部 Ag_3Sn 化合物的形貌尺寸和分布的均匀性对焊料的力学性能同样具有重要影响。鉴于以上原因，本章以 Sn–Ag–Cu 无铅焊料为例，详细地介绍 Sn–Ag–Cu 无铅焊料与多晶铜生成的无铅焊点的微观组织与力学性能，介绍回流时间、时效处理和冷却条件对焊点微观组织的影响，尤其是对焊接界面上和焊料内部的金属间化合物 Cu_6Sn_5 和 Ag_3Sn 形貌和尺寸的影响。根据对不同微观组织形态焊点的力学性能测试结果，分析焊点微观组织对力学性能的影响机制。通过改变加载速率的力学实验，分析外因对焊点力学性能的影响。

3.1　Sn3Ag0.5Cu/Cu 焊点内金属间化合物生长行为

　　Sn–Ag–Cu 无铅焊料与多晶铜（纯度为 99.99%，屈服强度约为 200 MPa）通过回流焊的方法生成无铅焊点。焊接样品准备过程如下：首先，用电火花线切割机从大块铜板上按照设计好的尺寸切成小块铜做基体材料，将准备与焊料进行回流焊接的切面依次使用 800#，1000#，2000# 的 SiC 砂纸打磨，随后依次使用粒度分别为 2.5，1.0，0.5 μm 的金刚石研磨膏进行机械抛光；其次，使用铜抛光液进行电解抛光，电解抛光液配方为：蒸馏水 1000 mL、磷酸 500 mL、酒精 500 mL、尿素 10 g、异丙醇 100 mL，抛光电压为 10 V，抛光时间 40 s，消除残留应力，获得平整光亮的表面。将 Sn3Ag0.5Cu 焊锡膏分别均匀地涂覆在抛光好的几组铜基体表面，然后放入温度设置为 240 ℃ 的恒温炉中，待焊料熔化后，分别在回流态保温 2，5，10，15，20 min；最后，将试样从恒温炉中取出，在空气中冷却至室温。为了观测焊接界面金属间化合物层的厚度和侧面形貌，将焊接好的试样按照上述打磨和机械抛光的方法进行打磨机械抛光，以获得平整光亮的焊点侧表面，使用 LEO supra 35 场发射扫描电子显微镜观察焊点的侧表面。为了观测焊料内部金属间化合物的立体形貌特征，对一组侧面已经抛光的焊点进行化学腐蚀处理，使表面的 Sn 被腐蚀掉，而金属间化合物 Ag$_3$Sn 和 Cu$_6$Sn$_5$ 被保留下来（抛光液成分比例：5% HCl+3%HNO$_3$+CH$_3$OH）。为统计测量界面化合物 Cu$_6$Sn$_5$ 的直径分布特征，取一组焊接好的试样，将焊接界面层上面的大部分焊料使用砂纸打磨掉，只剩一薄层焊料时，直接进行化学腐蚀，焊接界面上的 Cu$_6$Sn$_5$ 晶粒完全露出，在扫描电镜下，观察焊接界面上的 Cu$_6$Sn$_5$ 化合物分布情况。

为研究高温保温条件下，焊点界面化合物和焊料内部金属间化合物的生长演化规律，将一组焊接好的焊点放入 180 ℃ 的恒温炉中进行时效处理，然后按照上述实验方法，对金属间化合物进行显微观察。使用 Image-Pro Plus 软件对焊接界面化合物层 Cu$_6$Sn$_5$ 的平均粒径和厚度进行统计测量。界面金属间化合物层的平均厚度按照化合物层的面积除以化合物层的宽度计算。

3.1.1　焊接界面金属间化合物层的生长演化行为

图 3.1（a）~（d）分别是回流 2，5，15，20 min 时焊接界面化合物层 Cu$_6$Sn$_5$ 的俯视显微照片，可以看出，随着回流时间延长，Cu$_6$Sn$_5$ 晶粒逐渐长大，回流 15 min 和回流 20 min 的试样与回流 2 min 和 5 min 的试样相比，Cu$_6$Sn$_5$ 晶粒中小晶粒所占比例明显减小，表明随着回流时间增长，大晶粒吞并小晶粒的现象越来越明显。

图3.1　Sn3Ag0.5Cu在240 ℃回流不同时间生成的Cu₆Sn₅化合物形貌

（a）回流2 min生成的Cu₆Sn₅化合物俯视显微照片；（b）回流5 min生成的Cu₆Sn₅化合物俯视
显微照片；（c）回流15 min生成的Cu₆Sn₅化合物俯视显微照片；（d）回流20 min生成的
Cu₆Sn₅化合物俯视显微照片

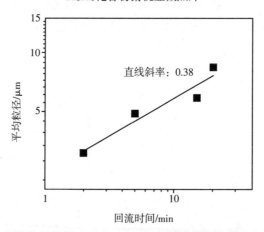

图3.2　Cu₆Sn₅晶粒的平均粒径与回流时间的关系

图3.2是Cu₆Sn₅晶粒的平均粒径与回流时间的关系，即

$$\bar{d} = kt^{0.38} \tag{3.1}$$

其中，$\bar{d}$ 和 t 分别代表晶粒的平均直径和回流时间，k 是常数。Gusak 等人发

现，Cu/SnPb焊点界面化合物粒径与回流时间的立方根成正比，也有研究结果表明Sn/Cu界面在260 ℃和280 ℃回流时，Cu_6Sn_5粒径与$t^{0.5}$成正比[91]，这种差异应来源于焊料种类的不同。总体上，Cu_6Sn_5化合物的粒径与回流时间的关系均可写作$\bar{d}=kt^m$的形式。m称为粗化常数，对于不同的焊料而言，粗化常数存在差异，但m总是小于1的数，代表晶粒的生长速度随着回流时间的增加逐渐变慢。

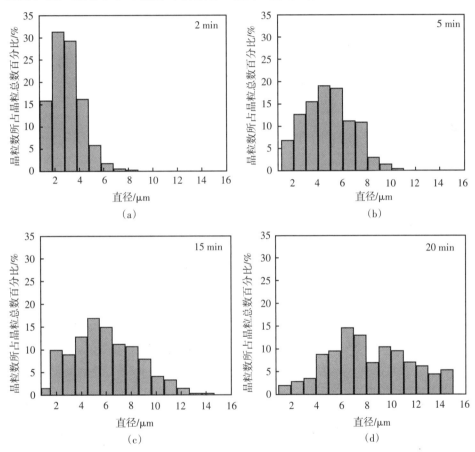

图3.3 Sn3Ag0.5Cu/Cu在240 ℃回流不同时间生成的Cu_6Sn_5晶粒尺寸分布统计图

（a）回流2 min生成的Cu_6Sn_5晶粒尺寸分布；（b）回流5 min生成的Cu_6Sn_5晶粒尺寸分布；

（c）回流15 min生成的Cu_6Sn_5晶粒尺寸分布；（d）回流20 min生成的Cu_6Sn_5晶粒尺寸分布

为了更直观地反映Cu_6Sn_5晶粒尺寸的分布情况，对多张显微照片中大量的Cu_6Sn_5晶粒尺寸进行了统计分析，图3.3（a）~（d）分别是回流2，5，15，20 min的界面化合物Cu_6Sn_5晶粒的统计结果，图中横坐标表示Cu_6Sn_5晶粒的直径，纵坐标代表每个柱形对应尺寸区间内晶粒数所占晶粒总数的百分比，可以看出，随着回流时间增长，晶粒尺寸增大的同时，每个尺寸间隔所对应百分比的差异逐渐减小，也就是说，晶粒的尺寸分布更加均匀。

有关晶粒长大的尺寸分布规律，Lifshitz，Slyozov 和 Wagner 在闭系反应的假设条件下，提出了 LSW 理论[92-94]，他们假设，晶粒长大时，总体积不变，并认为晶粒长大的驱动力是晶粒表面的减少或者表面能的降低。然而，在焊料和铜发生润湿反应生成的 Cu_6Sn_5 逐渐长大的过程中，铜基体和焊料之间是存在物质交换的，界面化合物的总体积是变化的，因此，回流焊接过程中焊接界面处 Cu_6Sn_5 化合物的生长规律不应该套用 LSW 理论模型，一些研究人员使用 LSW 模型对其实验结果中 Cu_6Sn_5 晶粒的分布规律进行拟合，发现实验结果与理论的偏离是相当大的。针对焊料/铜界面反应时 Cu_6Sn_5 体系具有开放系统的特点，Gusak 等人提出了 flux-driven ripening（FDR）模型，并给出了晶粒尺寸的分布函数[91]。该理论假设焊接界面上的 Cu_6Sn_5 形貌为半球形，在 Cu_6Sn_5 生长过程中，总的 Cu_6Sn_5 晶粒表面积不变而体积增加，而且 Cu_6Sn_5 的晶粒半径按照与时间的立方根，即 $t^{1/3}$ 成比例增长。在 FDR 理论中，考虑了 Cu_6Sn_5 晶粒间的间隙因素，正是这些存在于 Cu_6Sn_5 晶粒之间的间隙，为铜基体中的原子向焊料扩

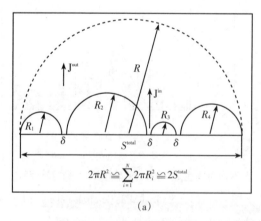

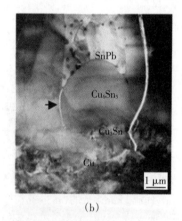

(a)   (b)

图3.4 Cu_6Sn_5 晶粒长大的理论模型与 Cu_6Sn_5 晶粒间隙的实验观测

（a）FDR 理论模式示意图（J^{in} 代表基体铜原子经 Cu_6Sn_5 晶粒间隙向熔融焊料扩散的扩散通量，J^{out} 代表未与 Sn 原子反应生成 Cu_6Sn_5 金属间化合物的扩散通量）[91]；（b）SnPb/Cu 在 200 ℃回流 10 min 后生成的 Cu_6Sn_5 的透射电镜照片（标注箭头处为 Cu_6Sn_5 晶粒间隙）[91]

散提供了快速通道，在实验中，通过透射电子显微镜（TEM）也观察到这些间隙，在200 ℃温度下回流10 min后，TEM下尚能在晶粒间观测到小于50 nm的间隙通道，如图3.4（b）中箭头所示，图3.4（a）是FDR模型示意图。

若以S^{total}表示Cu_6Sn_5/Cu界面面积，则Cu_6Sn_5和熔融焊料之间的表面积为$2S^{\text{total}}$。在上述假设前提下，Gusak等人利用复杂的微积分运算，推导出尺寸分布公式，简要地说，FDR模型的基本前提是总表面积不变而体积增长，尺寸分布律可表示为[95]

$$g(u) = c\frac{u}{(2-u)^4}\exp\left(-\frac{4}{2-u}\right) \tag{3.2}$$

$$u = \frac{r}{<r>} \tag{3.3}$$

式中，u是任意晶粒的半径与平均晶粒半径之比，c是常数。为便于比较，将晶粒直径数据进行归一化，$g(u)$实际上代表的是概率密度，它满足

$$\int_0^\infty g(u)\mathrm{d}u = 1 \tag{3.4}$$

为了与FDR理论模型对比，对晶粒的统计数据进行了归一化处理，图3.5是Sn3Ag0.5Cu/Cu界面化合物Cu_6Sn_5晶粒直径数据归一化处理后的概率分布图，图中曲线是FDR模型曲线，由图可以看出，回流时间为20 min的实验数据与FDR理论曲线较符合；对于回流时间为2，5，15 min的实验结果而言，FDR理论曲线与实验结果偏离较大。统计结果显示，概率密度最大位置出现在$r/<r>$（晶粒半径与平均半径之比）略小于1的位置，而不是模型曲线中大于1的位置。

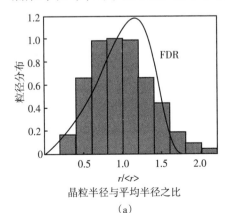

（a）

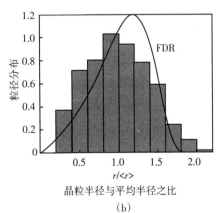

（b）

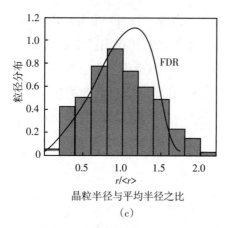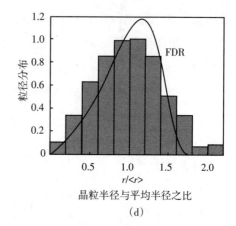

晶粒半径与平均半径之比

（c）

晶粒半径与平均半径之比

（d）

图3.5　Sn3Ag0.5Cu/Cu界面化合物Cu_6Sn_5的尺寸分布图

（a）回流2 min；（b）回流5 min；（c）回流15 min；（d）回流20 min

　　Sn3.8AgCu/Cu分别在260，280，300 ℃回流30 s时界面Cu_6Sn_5晶粒的统计结果显示，短时间回流阶段，FDR理论与实际有偏离[96]，这种偏离应源于FDR模型基本假设和简化处理。FDR模型假设在晶粒生长过程中总的表面积不变，忽略晶粒间隙的面积，随着回流时间延长，晶粒尺寸长大，相应的间隙面积减小，此时间隙面积可以被忽略。而初始阶段晶粒尺寸较小时，界面存在大量的间隙，这些间隙对铜原子向焊料内的扩散起着重要作用，此间隙面积是不应被忽略的。还有一个值得注意的问题：FDR模型是在假设Cu_6Sn_5为半球状形貌条件下推导出的，而很多实验中界面化合物Cu_6Sn_5的形貌并非完全都是半球形的，Cu_6Sn_5有时则呈现出圆柱状或棱柱状形貌。由此可见，界面化合物的尺寸分布规律是相当复杂的，想用一个理想的函数表达这种分布规律，FDR模型仍需进一步改进。

　　图3.6（a）~（d）分别是Sn3Ag0.5Cu/Cu在240 ℃回流2，5，10，15 min后焊接界面的侧面显微照片。由图可以看出，界面化合物层厚度随着回流时间增加而增加，Cu_6Sn_5之间间隙逐渐变小，Cu_6Sn_5/焊料界面的起伏程度降低，变得更为平坦，同时回流15 min的焊料内部Ag_3Sn化合物的形貌发生了明显变化，由原来的小微粒子状演变成针状形貌。

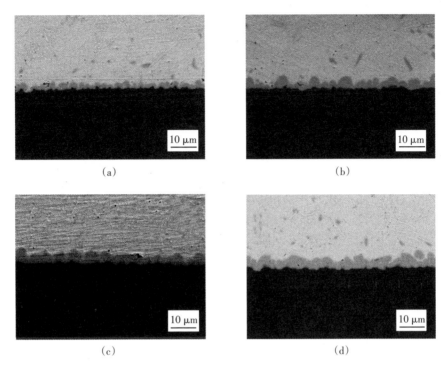

图 3.6　Sn3Ag0.5Cu/Cu 在 240 ℃回流不同时间下，焊接界面的侧面显微照片

（a）2 min；（b）5 min；（c）10 min；（d）15 min

图 3.7 是界面化合物层的平均厚度随着回流时间的变化关系，厚度正比于 $t^{0.32}$，与晶粒直径随着回流时间增长的粗化指数 0.38 比较接近，说明界面 Cu_6Sn_5 晶粒沿垂直焊接界面的生长速度与沿平行于焊接界面的生长速度近似相等。Deng 等人报道 Sn3.5Ag/Cu 界面化合物的厚度与时间的平方根成正比[28]，Kim 和 Suh 等人发现，Sn-Pb/Cu 界面化合物层厚度正比于 $t^{1/3}$ [25,95]，同前面分析界面化合物直径随着回流时间的变化关系一样，这种差异也源于焊料种类不同。

回流过程中铜原子与焊料中的锡原子反应生成 Cu_6Sn_5 化合物，Cu_6Sn_5 的形核率 I 可以表示为

$$I = I_0 \exp\left(-\frac{\Delta G}{kT}\right) \tag{3.5}$$

其中，I_0 是单位面积上形成的核子，ΔG 是形核激活能，k 为玻尔兹曼常数，T

是反应时的热力学温度。长大主要通过原子扩散实现，焊料成分不同，其激活能是不同的，因此，在回流初期，不同的焊料/铜界面反应时的形核率不同，随着回流时间延长，原子扩散速度对 Cu_6Sn_5 的生长的影响变得显著，而 Cu 原子的扩散能力与焊料的成分也是密切相关的，因此，焊料成分不同会导致 Cu_6Sn_5 化合物生长速度的差异。

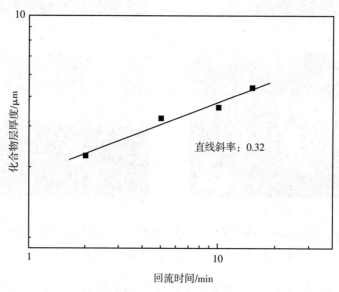

图3.7　界面化合物层平均厚度随着回流时间的变化关系

　　图3.8是Sn3Ag0.5Cu/Cu焊点在180 ℃保温7天后和14天后焊接界面金属间化合物层的显微照片，图3.8（a）（b）是侧视图，图3.8（c）（d）是俯视图。由图3.8（a）（b）可以看出，在铜基体与 Cu_6Sn_5 化合物层之间，形成了一种新的化合物层，经能谱确定，其成分为 Cu_3Sn 化合物。与回流态的 Cu_6Sn_5 晶粒间隙比较，时效处理后，Cu_6Sn_5 晶粒间隙明显减小，焊料/Cu_6Sn_5 界面变得更加平坦。

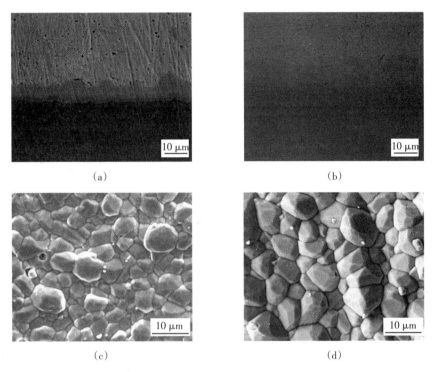

图3.8 Sn3Ag0.5Cu/Cu界面化合物的侧视与俯视显微照片

（a）和（c）：180℃时效7天；（b）和（d）：180℃时效14天

3.1.2 回流时间和高温时效对焊料内部Ag₃Sn化合物形貌的影响

$3.1.2$ 回流时间和高温时效对焊料内部Ag_3Sn化合物形貌的影响

随着回流时间增加，焊料内部的金属间化合物也发生着生长演化，Sn3Ag0.5Cu焊料内部的金属间化合物包括Ag_3Sn和Cu_6Sn_5两种，但由于焊料中Cu的含量很低，焊料内部的化合物绝大部分是Ag_3Sn，因此，本节研究的焊料内部化合物主要是Ag_3Sn。剖面显微照片观察的只是一个截面上的化合物的形貌，并不能完全反映化合物的真实立体形貌，例如，在剖面图上呈现颗粒状形貌的化合物在立体空间内可能是棒状形貌，因此，使用化学腐蚀的方法，将抛光好的焊料腐蚀一定的深度，靠近表面的锡被腐蚀掉，化合物的整体形貌显现出来。图3.9（a）~（c）分别是Sn3Ag0.5Cu/Cu焊点在240℃回流2，5，10 min，再经化学腐蚀处理后的显微照片，回流2 min的焊料内部，Ag_3Sn呈现出颗粒状形貌和纤细的树枝状形貌，Ag₃Sn化合物整体呈网状分布，Ag₃Sn化合物所在区域为Sn+Ag₃Sn共晶区。没有Ag₃Sn化合物分布的区域对应β−Sn树枝晶。随着回流时间增加，Ag₃Sn发展成以树枝状为主的形貌，树枝状的Ag₃Sn彼此之间间距减小，变得更为密集。

图3.10（a）（b）是回流5 min样品和回流5 min后又经历7天时效处理的样品的截面显微照片，图3.10（c）（d）分别是回流5 min和时效7天的焊料被腐蚀后的形貌。由图可以看出，回流态样品中Ag₃Sn化合物总体呈网格状分布在焊料内部，分布均匀，而经历高温时效后，这种均匀的分布状态被打破，均匀程度降低，同时焊料内部也观察到长大的Cu₆Sn₅化合物，即图3.10（b）中的深色化合物（Cu₆Sn₅化合物由EDS确定），从腐蚀后的立体形貌看，树枝状的Ag₃Sn化合物经高温时效后，演化成棒状形貌，这种形貌和分布状态的改变与原子的扩散行为密切相关，原子的扩散系数

$$D = D_0 \exp\left(-\frac{Q}{RT}\right) \tag{3.6}$$

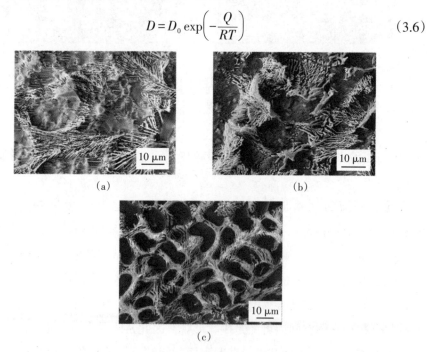

(a)   (b)

(c)

图3.9 化学腐蚀后Sn3Ag0.5Cu焊料的扫描电镜照片

（a）240 ℃回流2 min；（b）240 ℃回流5 min和；（c）240 ℃回流10 min

其中，Q是扩散激活能，R是气体常数，T为热力学温度，D_0是平衡态的扩散系

数。很显然，在180℃时效时，原子的扩散系数比室温条件下明显增大，在Ag₃Sn化合物与β-Sn两相的界面附近，存在一些晶体学缺陷，这个因素也对原子扩散起到促进作用，根据文献报道，Ag原子和Sn原子在界面扩散的激活能是不同的，Ag原子在β-Sn界面处的扩散激活能（28 kJ/mol）小于Sn原子在界面的扩散激活能（40 kJ/mol）[97-98]，在高温状态下，Ag₃Sn晶粒内的Ag原子更容易挣脱晶格束缚向β-Sn内扩散，而Ag在Sn中的溶解度非常小，因此，扩散入β-Sn内的Ag原子与Sn原子发生反应，生成新的Ag₃Sn化合物晶粒，导致原来的Ag₃Sn晶粒形貌相应发生改变。在长时间高温保温阶段，由于尺寸不同的Ag₃Sn晶粒之间仍存在浓度差，原子的扩散行为继续进行，小晶粒逐渐被大晶粒吞并，在焊料内部的Ag₃Sn晶粒个数减小，但尺寸增大，Ag₃Sn化合物表面积减小，表面能降低。

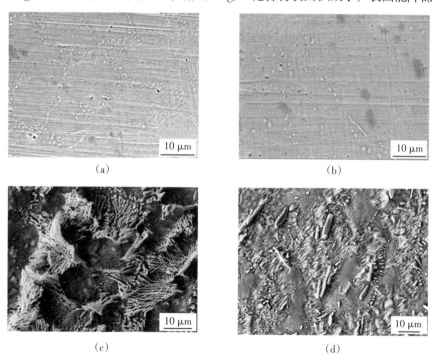

（a）　　　　　　　　　　　　　（b）

（c）　　　　　　　　　　　　　（d）

图3.10　Sn3Ag0.5Cu焊料内部微观组织的时效演化

（a）Sn3Ag0.5Cu焊料在240℃回流5 min后的显微照片；

（b）Sn3Ag0.5Cu焊料在180℃时效7天后的显微照片；

（c）Sn3Ag0.5Cu焊料在240℃回流5 min后经腐蚀后的显微照片；

（d）Sn3Ag0.5Cu焊料在180℃时效7天经腐蚀后的显微照片

3.2　回流凝固过程中Sn-Ag-Cu焊点微观组织的生长演化行为

金属间化合物的形貌尺寸能够对焊点的力学性能产生影响，要实现对金属间化合物生长行为的有效控制，有必要对Sn3Ag0.5Cu/Cu焊点中金属间化合物的生长机制进行研究，本节通过改变冷却速率的方法研究了Sn3Ag0.5Cu/Cu焊点在回流凝固过程中的生长演化行为。根据3.2.1的实验方法和图3.11所设计的试样准备原料，然后将Sn3Ag0.5Cu/Cu连接偶放入温度为240 ℃的恒温炉内，焊料熔融后，保温2 min，使用三种不同的冷却方法对三个试样进行冷却，即在空气中自然冷却（空冷）、快速放入水中淬灭（水冷）和关闭炉子温度开关在炉中进行冷却（炉冷）。所有样品都冷却至室温后，进行打磨和机械抛光，最后用腐蚀液将表面的Sn腐蚀掉后，观察焊点内金属间化合物的形貌特点。

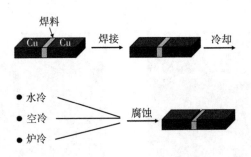

图3.11　获得Sn3Ag0.5Cu/Cu焊点不同微观组织的实验流程示意图

3.2.1　回流凝固过程中Sn-Ag-Cu焊点界面化合物的生长行为

图3.12（a）~（c）分别是水冷、空冷和炉冷条件下Sn3Ag0.5Cu/Cu界面附

近组织的微观形貌，图3.12（d）是三种冷却条件下界面化合层的平均厚度对比关系。界面化合物层的平均厚度按照界面化合物层的面积除以界面化合物层的长度计算，可以看出，界面化合物的形貌并没有发生明显变化，但是化合物层厚度和Cu_6Sn_5晶粒之间的间隙发生了改变，空冷条件下的界面化合物层厚度仅比水冷条件下的稍厚一点，二者差别不是特别明显，炉冷样品的界面化合物层厚度是前两者厚度的2倍多。Cu_6Sn_5形成于回流过程，铜基体的Cu原子直接与熔融的Sn原子发生反应生成Cu_6Sn_5化合物，在半径为r的Cu_6Sn_5晶粒的表面处，Cu的浓度C_r可表示成为[25]

$$C_r = C_0 \left(1 + \frac{2\gamma V_m}{rRT} \right) \tag{3.7}$$

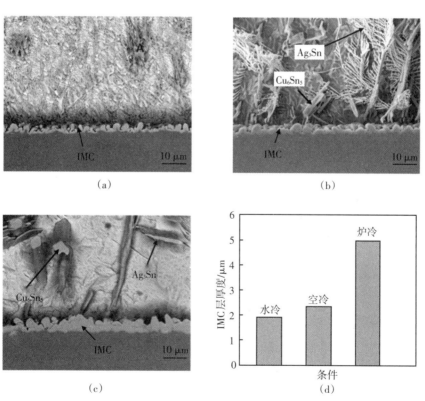

（a）　　　　　　　　　　　　　（b）

（c）　　　　　　　　　　　　　（d）

图3.12　不同冷却方式对Sn3AgCu/Cu焊点界面附近的微观组织形貌和IMC层厚度影响的比较

（a）240℃回流2 min后水冷；（b）240℃回流2 min后空冷；（c）240℃回流2 min后炉冷；

（d）水冷、空冷和炉冷条件下界面化合物层（IMC层）的厚度比较

其中，γ是界面能，V_m是Cu_6Sn_5晶粒的摩尔体积，R是气体常数，T是热力学绝对温度值。根据式（3.7），在已生成的大小不等的Cu_6Sn_5晶粒之间存在浓度梯度，铜原子会由小尺寸的Cu_6Sn_5晶粒向大尺寸的Cu_6Sn_5晶粒扩散，导致大晶粒越来越大，而小晶粒逐渐萎缩甚至消失，因此，Cu_6Sn_5晶粒的生长过程包含两种方式：第一种方式是基体中的Cu原子直接与Sn原子反应，第二种方式可以认为是由Cu_6Sn_5小晶粒内扩散至大晶粒的Cu原子在Cu_6Sn_5/Sn界面与Sn原子反应继续生成Cu_6Sn_5化合物。图3.12（a）中的样品回流后，被快速放入水中淬灭，界面Cu_6Sn_5化合物的生长方式主要通过第一种方式实现，第二种生长方式没能充分进行，所以其界面Cu_6Sn_5晶粒不但尺寸小，而且晶粒之间存在明显的间隙。空冷和炉冷条件的两种样品，它们的界面Cu_6Sn_5晶粒不但厚度增大，而且晶粒之间的间隙明显减小，这说明第二种生长方式有足够的时间得以进行。

3.2.2 焊料内部金属间化合物的形核与生长

由图3.12（a）~（c）可以看出，不同的冷却条件下，靠近焊接界面的焊料内部的金属间化合物的形貌和尺寸存在明显区别，对于空冷和炉冷的样品，其焊料内部形成了Ag_3Sn和Cu_6Sn_5化合物，二者的成分通过能谱（EDS）分析确定，空冷试样的焊料内部，Ag_3Sn化合物呈树枝状，Cu_6Sn_5呈棒状，而炉冷样品的焊料内部，Ag_3Sn演化成板条状形貌，焊料内部的Cu_6Sn_5发展成尺寸更大的棱柱状。在水中快速淬灭的试样界面附近的焊料内则没有发现明显的Ag_3Sn或Cu_6Sn_5化合物，表明焊料内部的Ag_3Sn和Cu_6Sn_5化合物形成于回流之后的凝固过程中，焊料内部的化合物的形成晚于界面化合物。

在水中快速淬灭的焊料内可以观察到一些衬度不同的深灰色区域，如图3.12（a）中A处所示，图3.13（a）是图3.12（a）中焊料内部深灰色区域的放大照片，图3.13（b）是（a）中标定位置的能谱分析结果，根据能谱分析结果可知，该区域包含Sn、Cu、Ag三种元素，除了焊料主体元素Sn外，该区域的Cu元素相对Ag元素而言更加富集。图3.14（a）是远离焊接界面的焊料内部显微照片，经能谱分析确定，图中浅灰色光滑区域成分为Sn，此时的锡枝晶尺寸很小，枝晶宽度大约为2 μm，在枝晶之间分布着一些颗粒状物质，图3.14（b）列出了图3.14（a）中标定位置小颗粒的元素成分和比例，可知这些小颗粒包含Sn，Ag，Cu三种元素，除Sn元素外，Ag的成分比Cu元素富集尤甚。

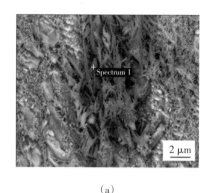

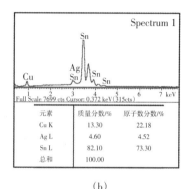

（a）   （b）

图3.13　水冷条件下焊料内部结构成分的能谱分析

（a）图3.12（a）中灰色区域的放大显微照片（背散射模式）；

（b）图3.13（a）中标定位置的能谱分析结果

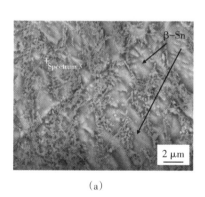

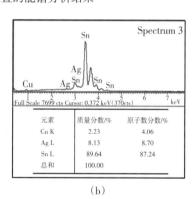

（a）   （b）

图3.14　水冷条件下远离焊接界面的Sn3Ag0.5Cu焊料的显微照片和所标位置的能谱分析结果

回流过程中，焊料中的Sn与基体中的Cu在连接界面发生反应，生成金属间化合物Cu_6Sn_5，随着Sn的消耗和Cu原子向焊料内部的扩散，界面附近局部区域内各元素的成分比例发生改变，引起局部区域的元素富集。Snugovsky等人研究了Sn3.8Ag0.7Cu固态合金结构后发现，Sn3.8Ag0.7Cu合金中包含Sn-Ag_3Sn二元共晶结构和Sn-Cu₆Sn₅二元共晶结构，他们认为，元素的局部富集对二元共晶结构的形核起着重要作用，但是他们并没有提供Cu元素或者Ag元素局部富集的实验证据[99]。在图3.13和图3.14中，能谱分析结果为元素的局部富集说法提供了实验证据。

Takamatsu等人利用热分析和中断测试法，研究了Sn3Ag0.5Cu合金中Cu₆Sn₅化合物和Ag₃Sn化合物的形成机制[100]。他们在熔融的Sn1.0Ag0.5Cu合金温度降至221℃时观察到富Cu区的出现；而当温度降至220℃时，富Cu区又消失了，同时出现了Sn-Cu₆Sn₅共晶结构；当温度下降至216℃时，Ag₃Sn化合物开始形核。

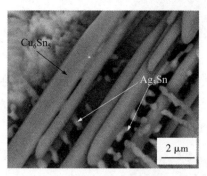

图3.15　空冷条件下Sn3Ag0.5Cu焊料内Ag₃Sn化合物在Cu₆Sn₅化合物的吸附现象

本实验中的Sn3Ag0.5Cu/Cu焊点回流过程中铜基体与熔融的Sn反应，生成界面化合物层Cu₆Sn₅，随着Sn原子的消耗和基体Cu原子向焊料中的扩散，界面附近焊料的局部区域中出现了富Cu区，在凝固过程中，随着温度下降，焊料中的富Cu区内Cu₆Sn₅化合物形核并长大，形成Sn-Cu₆Sn₅共晶结构，此时此区域内的Ag原子被排挤到Sn-Cu₆Sn₅共晶结构的边缘。随着温度进一步下降，被排挤到Sn-Cu₆Sn₅边缘的Ag原子与Sn生成Ag₃Sn化合物，同时在远离焊接界面的焊料内大量的Ag₃Sn也形核长大。事实上，在Cu₆Sn₅化合物表面的确能够观察到一些Ag₃Sn化合物，图3.15是空冷条件下Sn3Ag0.5Cu焊料内Cu₆Sn₅化合物的显微照片，可以看到，Cu₆Sn₅化合物表面附着了一些Ag₃Sn颗粒。一些研究人员也曾发现Ag₃Sn小颗粒被吸附在界面化合物Cu₆Sn₅上的现象[101-102]，Liu等人认为，大的Cu₆Sn₅晶粒具有较高的表面能，吸附

Ag_3Sn 小颗粒会使 Cu_6Sn_5 的表面能降低，阻碍 Cu_6Sn_5 化合物的生长[101]。无论从哪一种角度去理解，都说明 Cu_6Sn_5 化合物是 Ag_3Sn 化合物开始形核的有利位置。

3.2.3　凝固过程中冷却速率对 Ag_3Sn 化合物形貌演化的影响

图 3.16（a）是空冷条件下进行凝固时焊料内部化合物的形貌，很明显，此时的 Ag_3Sn 化合物主要呈树枝状形貌，而 Cu_6Sn_5 呈棒状形貌，图 3.16（b）显示了炉冷条件下，凝固时焊料内部化合物的形貌，可以看出，Ag_3Sn 已经生长成盘状，而 Cu_6Sn_5 化合物仍为棒状形貌，图 3.16（d）（e）是 Ag_3Sn 化合物的放大形貌。应该注意的是，图 3.16（d）（e）的标尺是不同的，Ag_3Sn 化合物不但形貌发生了明显变化，而且尺寸也增长了很多。图 3.16（c）（f）是（b）（e）中标定的化合物的 EDS 结果。Lee 等人研究了 Sn-3.5Ag 共晶合金中 Ag_3Sn 化合物的演化，他们分析后发现，随着冷却速率降低，Ag_3Sn 化合物会呈现出颗粒状、针状和盘状等形貌，盘状的 Ag_3Sn 只出现在焊接界面处[103]，而本实验中在远离焊接界面的焊料内，也出现了盘状 Ag_3Sn 化合物，这种差异可能是焊料合金成分不同和冷却速率不同引起的。

事实上，炉冷条件下的化合物生长过程可分为三个阶段，即回流阶段、凝固阶段和晶粒再生长阶段。空冷条件下化合物的生长过程只包含回流和凝固两个阶段，炉冷试样焊点在完成凝固过程后的高温慢速降温阶段，原子扩散仍然非常剧烈，在此阶段，Ag_3Sn 化合物继续生长，形貌相应改变，尺寸增加。可见，凝固过程的冷却速率对金属间化合物的形貌和尺寸具有显著影响。由于焊点的可靠性与微观组织密切相关，所以冷却速率也会影响焊点的性能。

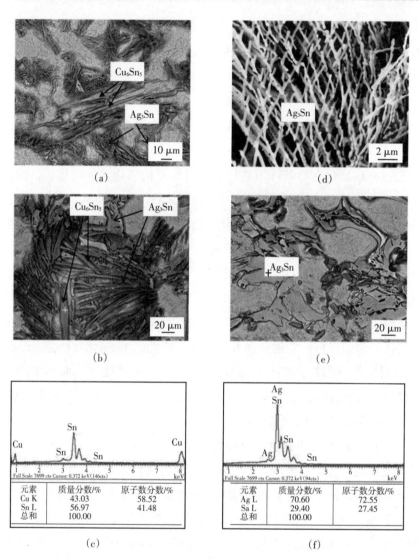

图3.16　不同冷却条件下Sn3Ag0.5Cu焊料内部金属间化合物的微观组织形貌与能谱分析

（a）空冷条件下Sn3Ag0.5Cu焊料内部微观组织照片；

（b）炉冷条件下Sn3Ag0.5Cu焊料内部微观组织照片；

（c）图（b）中标定位置的元素分析结果；

（d）空冷条件下Sn3Ag0.5Cu焊料内Ag₃Sn化合物的微观形貌；

（e）炉冷条件下Sn3Ag0.5Cu焊料内Ag₃Sn化合物的微观形貌；

（f）图（e）中标定位置的元素分析结果

3.3 Sn3Ag0.5Cu/Cu焊点微观组织与力学性能的关系

3.3.1 回流态和时效态的界面强度

图3.17是回流态和时效态Sn3Ag0.5Cu/Cu的拉伸曲线，回流态焊点的抗拉强度高于时效态焊点的抗拉强度。由拉伸曲线可以看出，回流态Sn3Ag0.5Cu/Cu焊点在经过很短的弹性变形阶段后，即发生屈服，屈服后，又经历了一段较长的硬化阶段，最后是裂纹快速扩展的断裂阶段。与之不同的是，时效处理后的焊点在经历屈服阶段和硬化阶段后，最终断裂阶段名义应力平缓降低。

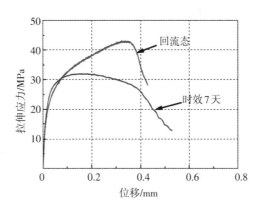

图3.17 回流态和时效态Sn3Ag0.5Cu/Cu焊点的拉伸应力位移曲线

回流态焊料组织包含β-Sn树枝晶和Ag_3Sn+β-Sn两种结构，如图3.18（a）所示。回流态β-Sn内部锡晶粒尺寸小、个数多、晶界数多，拉伸过程中处于有利位相的晶粒中滑移系首先起动，发生塑性变形的晶粒内，滑移面上的位错源会不断产生位错，大量的位错沿滑移面运动，由于周围晶粒取向不同，所以运动的位错不能穿越晶界，发生位错的交割，晶粒内位错密度增大，对后面的位错运动起到阻碍作用，从而起到硬化的效果。但随着位错密度的进一步增大，大量的晶粒在晶界面处塞积，在塞积群的顶端，应力集中程度非常高，当应力集中达到一定程度后，晶界处便产生微裂纹，并迅速扩展，更重要的是回流态Sn3Ag0.5Cu焊料中具有$Ag_3Sn+\beta-Sn$共晶结构，Ag_3Sn呈网络状分布于整个焊料内部。回流态Ag_3Sn化合物尺寸小，具有很强的弥散强化作用，在共晶区的滑移不容易发生，即使产生了少量位错，位错也很难跨过Ag_3Sn化合物，Ag_3Sn阻止了位错的过度塞积。图3.18（b）是回流态焊点经过高温时效处理后的显微照片，可以看出，焊接界面化合物层增厚，靠近焊接界的焊料内的Cu_6Sn_5化合物增多，尺寸增加，焊料内部Ag_3Sn化合物尺寸增大，而且原来回流态的网络状分布被打破，强化效果减弱，同时$\beta-Sn$内晶粒发生粗化，晶界数目减少，也导致焊点强度降低。

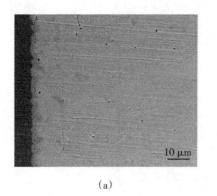 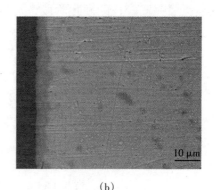

（a）　　　　　　　　　　　　　　（b）

图3.18　Sn3Ag0.5Cu/Cu焊点内微观组织的时效演化

（a）回流态Sn3Ag0.5Cu/Cu焊点微观组织；

（b）高温时效后Sn3Ag0.5Cu/Cu焊点微观组织

图3.19（a）是回流态焊点拉伸断裂的焊接界面附近的侧面照片，图3.19（b）是时效态焊点拉伸断裂的焊接界面附近的侧面照片，由图可以看出，回流态焊点的塑性变形主要集中在被$Ag_3Sn+\beta-Sn$共晶结构包围的$\beta-Sn$树枝晶内，焊接界面附近并未出现表面裂纹。而时效态焊点焊接界面附近的焊料变形严重，焊料内出现了很多微裂纹，靠近界面的焊料内的棒状Cu_6Sn_5化合物有的发生断裂，有的则在与$\beta-Sn$之间的界面上产生裂纹。

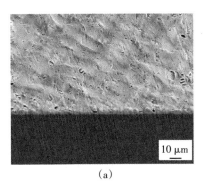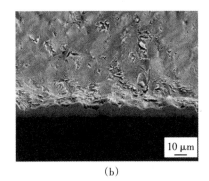

（a）　　　　　　　　　　　　　　　（b）

图3.19　微观组织对焊点拉伸裂变行为的影响

（a）回流态Sn3Ag0.5Cu/Cu焊点拉伸断裂后的侧面照片；

（b）时效态Sn3Ag0.5Cu/Cu焊点拉伸断裂后的侧面照片

　　图3.20（a）是回流态焊点断面靠近边缘部分的显微照片，图3.20（b）是时效态焊点断面靠近边缘部分的显微照片，两种焊点断面的边缘都被锡所覆盖，并有大量的被拉长的韧窝，表明焊点的边缘断裂位置出现在β-Sn内部，属于韧性断裂，韧窝拉长方向与边缘处的剪切分力方向平行。图3.20（c）是回流态焊点断面内侧的显微照片，图3.20（d）是时效态焊点断面内侧的显微照片，由图可以看出，断面上分布着大量的韧窝，表明断裂模式都是发生在β-Sn内部的韧性断裂。二者的不同之处在于韧窝的大小尺寸不同，这是由高温时效处理过程中β-Sn发生了晶粒粗化所致。本实验中Sn3Ag0.5Cu/Cu焊点拉伸断裂位置与2.1节Sn3Cu/Cu焊点的拉伸断裂位置和模式不同，这主要是由焊料微结构和强度不同造成的。

图3.20 回流态和时效焊点拉伸断裂的断口比较

（a）回流态 Sn3Ag0.5Cu/Cu 焊点拉伸断面靠近边缘部分的变形断裂形貌；（b）时效态
Sn3Ag0.5Cu/Cu 焊点拉伸断面靠近边缘部分的变形断裂形貌；（c）回流态 Sn3Ag0.5Cu/Cu 焊
点拉伸断面内侧断裂形貌；（d）时效态 Sn3Ag0.5Cu/Cu 焊点拉伸断面内侧断裂形貌

图3.21是回流态焊点和时效态焊点的剪切应力-位移曲线，高温时效处理后焊点的剪切强度略有降低，降低幅度不是特别大。图3.22（a）是回流态焊点的剪切断面显微照片，图3.22（b）是（a）的局部放大图，图3.22（c）是

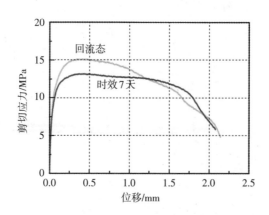

图3.21 回流态与时效态 Sn3Ag0.5Cu/Cu 焊点的剪切应力-位移曲线

时效态焊点的剪切断面显微照片，图3.22（d）是（c）的局部放大。由图可以看出，断面全部被Sn覆盖，表明剪切断裂发生在β-Sn内部，与拉伸断面不同的是，在剪切断面上，可以观察到许多破碎的锡晶粒，这与2.2节中Sn3Cu/Cu焊点的剪切原位观察实验结果是一致的。

（a） （b）

（c） （d）

图3.22 回流态和时效态焊点剪切断裂的断口比较

（a）回流态Sn3Ag0.5Cu/Cu焊点的剪切断裂形貌；（b）放大的回流态Sn3Ag0.5Cu/Cu焊点的剪切断裂形貌；（c）时效态Sn3Ag0.5Cu/Cu焊点的剪切断裂形貌；（d）放大的时效态Sn3Ag0.5Cu/Cu焊点的剪切断裂形貌

3.3.2 回流时间和冷却速率对界面强度的影响

图3.23是不同微观组织Sn3Ag0.5Cu/Cu焊点的拉伸应力位移曲线，三条曲线分别对应240 ℃回流2 min空冷的焊点、240 ℃回流5 min空冷的焊点和回流2 min后炉冷的焊点。可以看出，随着回流时间延长，焊点的抗拉强度降低，冷却速度降低，焊点的抗拉强度也会降低。强度的不同源于焊点微观组织的差异，不同的制备条件导致焊点微结构出现差异，三种焊点内界面化合物层的微

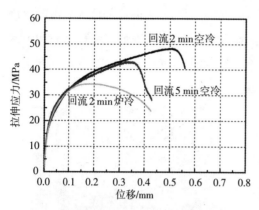

图3.23 不同微观组织下Sn3Ag0.5Cu/Cu焊点的拉伸应力-位移曲线

观形貌差别不大，都呈突起的圆柱状，只是厚度略有差异，主要的差别在于焊料内部组织，随着冷却速率的降低，Ag₃Sn金属间化合物形貌尺寸发生明显改变，Ag₃Sn + β-Sn共晶组织环绕的β-Sn枝晶尺寸增大，图3.24（a）（b）（c）分别显示了240℃回流2分钟空冷、回流5分钟空冷和回流2分钟炉冷所得焊点内部焊料的微观组织，由图可以看出对应的β-Sn树枝晶二次枝晶之间的间距增大，由几个微米发展到几十个微米，有文献报道焊料的强度随枝晶间距的增大而降低[104]，与本文的实验结果是一致的。炉冷焊点的焊料内部，β-Sn树枝晶的间距可达70多个微米，而β-Sn树枝晶尺寸可达100多个微米，Ag₃Sn化合物层发展为板状，Cu₆Sn₅则为粗棒状，这种微观组织的粗化导致了焊点强度的降低。

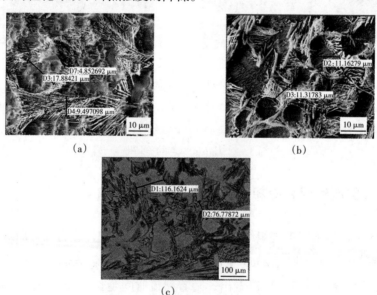

图3.24 Sn3Ag0.5Cu/Cu焊点内β-Sn枝晶的尺寸与间距

（a）240℃回流2 min空冷；（b）240℃回流5 min空冷；（c）240℃回流2 min炉冷

图3.25是回流2 min空冷样品的拉伸断口的显微照片，断面上分布着大量的韧窝，韧窝底部存在破碎的小晶粒和微裂纹，EDS成分分析结果显示，断面物质成分是锡，表明断裂发生在β-Sn枝晶内部。

图3.26是炉冷条件下制备的焊点的拉伸断口的显微照片，断口上，除了β-Sn之外，还可以观察到明显的金属间化合物。图3.26（a）中可观测到扇贝状完好的Cu_6Sn_5化合物，表明该Cu_6Sn_5化合物是焊接界面上的化合物，图中所示断裂位置是在焊接界面附近，该处界面的Cu_6Sn_5/焊料界面发生微观断裂。除此之外，靠近焊接界面的Ag_3Sn化合物（化合物成分由EDS能谱分析确定）多处发生了断裂。图3.26（b）中板状Ag_3Sn化合物也发生了明显的断裂，大尺寸的板条状Ag_3Sn化合物比较硬，延性差，在焊料变形过程中，发生了严重的应力集中而引发断裂，当小尺寸的颗粒状或纤细的树枝状Ag_3Sn化合物演化成大尺寸的板条状形貌时，其强化作用大大减弱，反而容易引发断裂的应力集中。图3.26（c）中可观察到长达几十微米的化合物，且该化合物内部有明显的裂纹，经EDS能谱分析可知，该化合物为Cu_6Sn_5，该长棒状Cu_6Sn_5化合物附近具有明显的孔洞，应该是Cu_6Sn_5化合与β-Sn之间出现微裂纹后微裂纹被拉长所致。图3.26（d）中可观察到光滑平整的化合物断面，由能谱确定该化合物为Cu_6Sn_5，该化合物发生了脆性断裂，焊料内部的Cu_6Sn_5化合物长大成大尺寸棱柱状形貌时，容易发生脆断，降低焊点的可靠性。

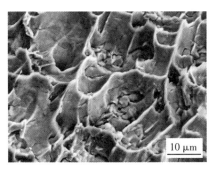

图3.25　Sn3Ag0.5Cu/Cu回流2 min空冷焊点的拉伸断口形貌

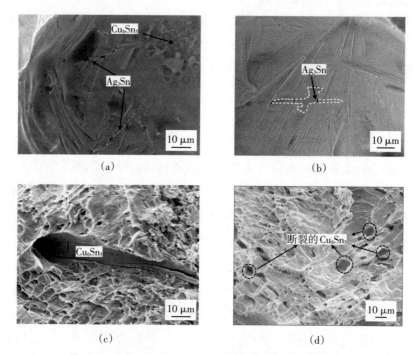

图3.26　Sn3Ag0.5Cu/Cu炉冷焊点拉伸断面的微观形貌

3.4　加载速率对Sn3Ag0.5Cu/Cu互连界面变形断裂行为的影响

　　随着微电子封装的小型化和电子设备服役环境的日益复杂化，焊点承受的载荷也出现多种形式，除了承受由焊料和基板热膨胀系数不同产生的热应力外，有时还会承受冲击、跌落等加载突然增大的情况，研究不同的加载速率条件下焊点的变形断裂行为和强度变化是十分必要的。焊点的强度由焊点的微观组织决定，同时受加载速率和测试温度影响，焊点微观组织是内因，加载速率和环境温度是外因，外因通过内因起作用，图3.27（a）是240 ℃回流2 min空冷条件下制备的焊点试样分别在0.0025，0.025，0.25 mm/s的加载条件下的拉伸位移曲线，由图可以看出，随着加载速率增加，焊点的抗拉强度增大，拉伸曲线可分为三个阶段：短暂的弹性变形阶段、应力稳定增大的硬化阶段和最终断裂阶段。随着加载速率升高，硬化率增大，在最大的加载速率（0.25 mm/s）

条件下，焊点名义应力达到最大值后，迅速断裂。图3.27（b）是焊点的抗拉强度与加载速率的对数关系，由拟合曲线可知，焊点抗拉强度随着加载速率按如下关系增长

$$\sigma_{max} = kv^{m} \tag{3.8}$$

其中，σ_{max}代表焊点的抗拉强度，k和m为常数。

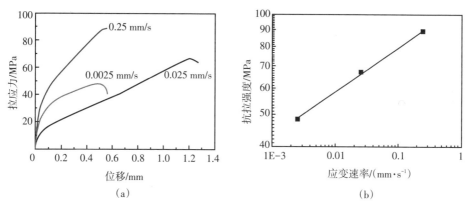

（a）　　　　　　　　　　　　　　　　（b）

图3.27　加载速率对Sn3Ag0.5Cu/Cu焊点拉伸断裂行为的影像

（a）Sn3Ag0.5Cu/Cu焊点在不同加载速率下的拉伸应力-位移曲线；

（b）Sn3Ag0.5Cu/Cu焊点抗拉强度与加载速率的关系

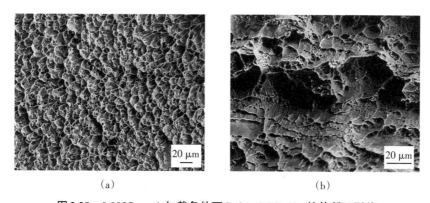

（a）　　　　　　　　　　　　　　　　（b）

图3.28　0.0025 mm/s加载条件下Sn3Ag0.5Cu/Cu拉伸断口形貌

（a）焊点边缘侧；（b）靠近中心的位置

图3.28是0.0025 mm/s加载条件下Sn3Ag0.5Cu/Cu拉伸断口的微观形貌。图

3.28（a）是靠近焊点边缘位置的断裂形貌，图 3.28（b）是靠近焊点中心位置的断裂形貌。由图可以看出，断口上分布着韧窝，说明焊点在低应变速率条件下的断裂发生在焊料内部，而且断裂位置出现在焊料中的β-Sn 内部，属于韧性断裂。图 3.29（a）~（d）是在 0.25 mm/s 加载条件下，Sn3Ag0.5Cu/Cu 焊点拉伸断面的显微照片，整个断面上具有两种不同的物质，一种是β-Sn，另一种是 Cu₆Sn₅金属间化合物。图 3.29（a）（b）是β-Sn 的断裂形貌，在图 3.29（a）中，β-Sn 的断面上分布着大量的韧窝，意味着该处β-Sn 以一种韧性断裂的方式断裂，而在一些韧窝底部，还可以观察到一些破碎的小晶粒。图 3.29（b）中β-Sn 所示断面上韧窝特征不如图 3.29（a）中明显，但晶粒的破碎现象很明显，可观察到大量的微裂纹，说明该位置在断裂之前应力集中严重，这些裂纹可能是在高应变速率条件下，锡枝晶内位错大量的塞积在晶界处引发应力集中所致。图 3.29（c）显示的是断裂模式发生改变的过渡区的微观形貌，断面上，

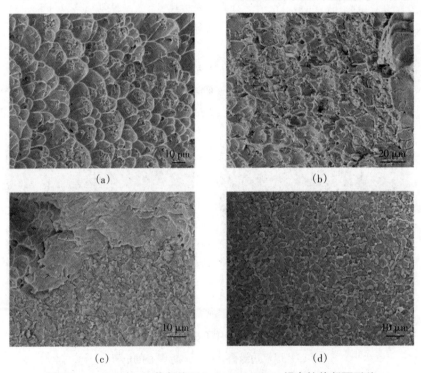

（a）　　　　　　　　　　　　　　　（b）

（c）　　　　　　　　　　　　　　　（d）

图 3.29　0.25 mm/s 加载条件下 Sn3Ag0.5Cu/Cu 焊点拉伸断面形貌

（a）（b）韧性断裂区；（c）韧脆断裂过渡区；（d）脆性断裂区

一部分是韧性断裂的 β-Sn，另一部分是发生脆性断裂的焊接界面化合物 Cu_6Sn_5。图 3.29（d）所示的断面上布满断裂的 Cu_6Sn_5，断面平整且 Cu_6Sn_5 化合物硬度很大，所以，可以断定该断裂位置是在焊接界面的金属间化合物层内部，属于脆性断裂。根据以上断裂形貌特征，可以推断出，随着加载速率增大，Sn3Ag0.5Cu/Cu 焊点的断裂模式由单一的发生在 β-Sn 枝晶内部的韧性断裂逐渐向发生在 β-Sn 枝晶内部的韧性断裂和发生在焊接界面金属间化合物层内部的脆性断裂相混合的断裂模式转变。

由以上实验结果可知，加载速率不仅可以影响焊点的抗拉强度，而且能够影响断裂模式和断裂位置。β-Sn 具有丰富的滑移系，其主要的变形方式是滑移，滑移会引起晶体内部位错密度和分布状态的变化，因而维持滑移继续进行所需的应力将大于临界切应力，随着塑性变形增加，材料对塑性变形的抗力增大，产生应变硬化现象。加载速率升高时，β-Sn 枝晶的应变硬化速率相应升高，位错密度快速增加，因而强度极限提高。加载速率对拉伸变形断裂行为的影响与焊料的回复行为有关。Sn3Ag0.5Cu 无铅焊料的熔点为 217 ℃，β-Sn 的熔点为 232 ℃，即使在室温下，归一化温度 T/T_m 可达 0.6，容易发生回复行为，引起异号位错的对消和位错密度的变化，同一滑移面上的异号位错相互吸引汇聚后消失，不在同一滑移面上的异号位错可通过空位凝聚消除半原子面。在外界拉应力作用下，焊点的锡晶粒内部，既有形变硬化，又伴随着回复过程，实际上，是一种动态回复，随着加载速率提高，焊料变形速率增大，回复过程不能得到充分进行，所以，位错密度迅速增大，容易在晶界处塞积，引起高的应力集中，诱发微裂纹的产生。在高的加载速率条件下，焊接界面附近的焊料内回复过程更加不能充分进行，应变迅速增大，而焊接界面的金属间化合物 Cu_6Sn_5 延展性很低，且硬度远高于 β-Sn，应变失稳严重，这种失稳达到一定程度时，界面 Cu_6Sn_5 化合物内部发生脆性断裂。相比较而言，在较低的加载速率条件下，焊料变形缓慢，回复过程能够充分进行，焊接界面附近并不是应力集中最为严重的地方，焊点的强度取决于焊料，随着外加应力增加，在焊料内部位错过度塞积处，萌生微裂纹，微裂纹在焊料内扩展连接，最终导致 β-Sn 内部发生韧性断裂。

3.5　Sn3Ag0.5Cu/Cu焊点的变形机制与影响因素

焊点的抗拉强度由焊点微结构决定，受加载速率影响。焊点的抗拉强度主要由焊料决定，诱发微裂纹的原因往往是严重的应力集中，而位错的过度塞积会引发应力集中，无论哪种无铅焊料合金，锡都是最主要的元素。β-Sn的主要变形方式是滑移，具有很高的延伸率，因此，焊点的应变主要由β-Sn承担，焊料中除β-Sn以外的其他相起到强化作用，$Ag_3Sn+\beta$-Sn共晶结构起到很好的强化作用，但是焊料的微观组织不是一成不变的，高温时效一段时间后，除了β-Sn晶粒粗化长大外，Ag_3Sn的网络状分布状态被打破，而且Ag_3Sn化合物的尺寸形貌明显改变，阻碍位错运动的强化作用大大减弱，使得焊料的强度降低。简单地说，Sn3Ag0.5Cu焊料中，β-Sn起到承载应变作用，而$Ag_3Sn+\beta$-Sn共晶结构起到提高强度的作用。

焊接界面的金属间化合物层对焊点的力学性能具有重要影响，因为焊接界面附近区域很容易产生应变不匹配，界面化合物层的Cu_6Sn_5或Cu_3Sn化合物都是脆而硬的，延伸率极低，应变失稳达到一定程度，即引发化合物的脆性断裂。焊接界面应变失稳的程度取决于焊料的延展性和加载条件。从能量的观点分析，力-位移曲线下方的面积是外力对焊点所做的功，焊点在发生断裂之前，外力的功主要由焊料吸收转化为形变能（塑性变形功），铜基体和界面化合物层很硬，发生的是弹性变形，形变能相对于焊料而言可以忽略。从微观角度看，外力功的吸收转化能力取决于位错的增殖与运动速度，延展性好的焊料具有丰富的滑移系，对外力功的吸收转化能力强，界面附近的应变不匹配程度轻，界面化合物层不容易产生严重的应变集中；相反，延展性差的焊料，界面化合物层附近容易产生应变集中，诱发裂纹。相同的加载速率条件下，断裂位置是出现在界面化合物附近，还是出现在焊料内部，与焊料的延展性有关。

加载速率对拉伸变形断裂行为的影响与焊料的硬化和回复行为有关。高加载速率条件下，β-Sn的应变硬化速率相应升高，位错密度快速增加，因而强度极限提高。焊料的归一化温度高，容易发生回复行为，在外界拉应力作用下，焊点的锡晶粒内部既有形变硬化，又伴随着回复过程，在高的加载速率条件下，焊接界面附近的焊料内回复过程更加不能充分进行，应变迅速增大，而焊接界面的金属间化合物Cu_6Sn_5延展性很低，且硬度远高于β-Sn，应变失稳严重，这种失稳达到一定程度时，界面Cu_6Sn_5化合物内部发生脆性断裂。低应变速率条件下，焊点的断裂模式取决于焊料；而高应变速率条件下，焊点的断裂模式取决于界面化合物层。

提高焊点的力学性能，一方面要保证焊料具有优异的延展性，另一方面还要保证具有较高的强度。既可以具有充足的滑移发生，又要避免位错过度塞积产生严重的应力集中。回流态Sn3Ag0.5Cu无铅焊料焊点具有在这两个方面的综合性能优异，但美中不足的是起到强化作用的小尺寸Ag_3Sn的网络分布状态在高温时效演化过程中很容易被打破，强化能力下降。寻求一种无论在回流态还是在高温时效过程中，都能保持强化作用的新型无铅焊料，无疑对提高焊点的力学性能是非常有利的。

第4章　Sn-Ag-Cu焊点的热疲劳行为

电子封装中，通过软钎焊的方式将电子元器件与电路板连接，焊点不仅提供机械连接，而且是电流通道，因此，焊点的可靠性对电子产品的正常运行具有关键性作用。很多电子设备的工作环境温度变化较大，尤其是一些自动化设备，工作温度范围能够从-40 ℃变化到150 ℃，甚至跨度更大，由于焊点焊料与基板之间热膨胀系数不同，二者之间会产生热应力，变温过程中焊点会承受由热膨胀系数不同而引起的机械应力。另外，电子设备在服役过程中往往要经历很多次开、关机，运行过程中，由于电流的焦耳热，焊点处于一种相对较高的温度环境。频繁地开关机相当于对焊点周期性地施加热应力，这种周期性的温度变化能够引起焊点失效[67]。因此，温度循环实验被认为是评估焊点可靠性的有效方法之一。热疲劳过程中，塑性变形是焊料的主要变形机制之一。此外，由于Sn基焊料的熔点较低，室温下归一化温度可达0.6左右。在持续应力作用下，容易发生蠕变、回复和再结晶等组织演化行为[105-108]，因此，焊点的热疲劳损伤是一种非常复杂的破坏行为。

焊点的可靠性取决于它对热应力循环加载的响应性能，焊点承受的热循环加载本质上可分解为两个方面：应力-应变循环作用引发焊点的疲劳损伤；高温条件下原子的集体扩散运动行为引起的组织演化。本章主要研究热循环作用下焊点微结构的响应行为。一些文献中以循环周次定义焊点的寿命，单纯地以热循环周次定义焊点寿命具有一定的局限性，因为热循环的温度范围和升温降温速度属于外因，相同的外因作用在不同尺寸的焊点互连体上，其循环周次寿命必然不同，因此，单纯地使用周次来表征焊点的抗破坏能力是不妥当的，承受应力的焊点尺寸也应该是必须考虑的因素之一，而且循环上千次的实验非常费时。

焊点微观组织主要包含基体、界面金属间化合物层、焊料内金属间化合物和母体材料——β-Sn。本章主要介绍热循环的实验方法，分析了焊点的不同的微观组织在热应力循环作用下的疲劳破坏行为。

4.1　热剪切疲劳和热拉压疲劳试验样品的制备方法

由于电路板与焊点焊料热膨胀系数不同，焊点在服役过程中主要承受剪切载荷，图4.1中（a）为实验样品的形状设计图。选取冷拔多晶铜为基体材料，其纯度为99.99%，选取Sn3.0Ag0.5Cu焊锡膏为焊料，具体实验过程如下：使用线切割机将多晶铜切割成图4.1所示形状与尺寸，再用800#，1200#，2000#砂纸进行打磨，使用粒度分别为2.5，1.0，0.5 μm的金刚石研磨膏依次进行机械抛光，然后使用铜抛光液进行电解抛光，抛光电压为10 V，抛光时间约为1 min，最后获得平整光亮的表面；将Sn3.0Ag0.5Cu焊锡膏从冰箱中取出，室温放置24 h后，将焊锡膏均匀地涂覆在已经抛光的铜基体上，按照设计好的形状，将铜基体和焊锡膏放置到240 ℃的恒温炉中进行回流焊接，回流2 min后，将试样从恒温炉中取出，并在空气中冷却；再次使用砂纸（800#，1200#，2000#）和金刚石研磨膏（粒度仍为2.5，1.0，0.5 μm）进行打磨和机械抛光。取一组回流后的样品进行热时效处理，时效温度为180 ℃，时效时间为14天，然后进行打磨和机械抛光；最后将回流态和时效态样品均放入BE-TH-80M8型可程式温度循环试验机中进行温度循环实验，温度范围：−20~70 ℃，两端各保温30 min，平均升温速率为5.5 ℃/min，平均降温速率为1.5 ℃/min，循环一定周次后，将样品取出，在LEO supra 35扫描电镜下进行显微观察。

热拉压疲劳实验的试样形状如图4.1中（b）所示，将因为热胀系数不同引起的应力调整为对焊点的拉压应力，实验步骤与上述方法基本相同。温度循环的变温范围和升降温速率与上述热剪切疲劳实验相同。

4.2 回流态Sn–Ag–Cu焊点的热剪切疲劳行为

铜基体的体积远大于焊点的体积，为研究简化起见，假设铜基体和焊料间因热膨胀系数不同而引起的应变不匹配全部由焊点承担，采用图4.1（a）设计，三个焊点承受的应变是不同的，中间焊点发生的剪切应变小于边缘侧焊点所承受的剪切应变，以此来反映低应变幅和高应变幅下的热剪切疲劳行为。热膨胀温度循环实验中焊点的切应变幅可表示为

$$\gamma = \frac{\alpha_1 L\Delta T - \alpha_2 \Delta Tl}{h} \tag{4.1}$$

其中，h为焊点高度，α_1为铜的热膨胀系数，α_2为锡的热膨胀系数，ΔT为一个循环周期内的温度变化范围，L为铜基体长度，l为焊点的长度。根据表4.1，取铜和锡的热膨胀系数分别为$\alpha_1 = 17.3 \times 10^{-6}\,℃^{-1}$，$\alpha_2 = 23 \times 10^{-6}\,℃^{-1}$，结合实验样品尺寸，可估算出三个焊点在一个温度变化周期内所承担的总切应变幅约为0.027。

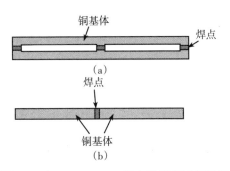

图4.1　Sn3Ag0.5Cu/Cu焊点热疲劳试样形状

（a）热剪切疲劳；（b）热拉压疲劳

图4.2是回流态样品焊点在温度循环实验前的扫描照片。回流过程中，在铜基体和焊料之间形成了一层金属间化合物，其主要成分是Cu_6Sn_5，焊料内部微观组织主要是β-Sn，其间还分布着大小不等的Ag_3Sn化合物和Cu_6Sn_5化合物。

图4.3是温度循环250周后试样边缘侧焊点远离界面的焊料的微观变形形

貌，由图4.3（a）可以看出，在焊料表面出现了很多波纹状的变形带，同时可观察到一些微裂纹，图4.3（b）是微裂纹萌生区域的放大照片，可以发现，裂纹出现在焊料母体β-Sn的晶界处。

表4.1 几种多晶材料的热膨胀系数与杨氏模量[109~115]

材料	热膨胀系数/CTE 10⁻⁶ ℃⁻¹	杨氏模量/GPa
Sn	23	45
Cu₆Sn₅	16.3 18.3[113]	124
Cu₃Sn	18.2	143
Cu	17.3	128

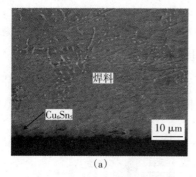 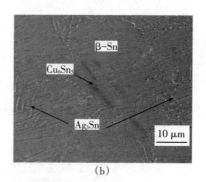

（a）　　　　　　　　　　　　　　（b）

图4.2　回流态Sn3Ag0.5Cu/Cu焊点的扫描电镜照片

（a）焊接界面附近；（b）远离界面的焊料

（a）　　　　　　　　　　　　　　（b）

图4.3　-20~70 ℃循环250周后边缘侧焊点内焊料的微观变形形貌

（a）微裂纹的分布形貌；（b）裂纹萌生区的放大形貌

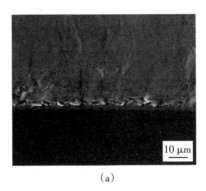 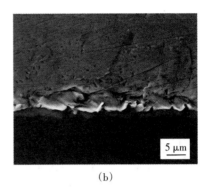

（a）　　　　　　　　　　　　　　　（b）

图4.4　热剪切应力循环作用250周后Sn3Ag0.5Cu/Cu边缘焊点的焊接界面附近的变形情况

（a）-20~70 ℃循环250周后边缘侧焊点界面附近的微观变形形貌；

（b）"挤出"区域的放大形貌

图4.4（a）是温度循环250周后试样边缘侧焊点界面附近的微观变形形貌，界面附近的焊料表面出现波状变形条带，变形更为明显的则是紧靠Cu_6Sn_5/焊料界面处的焊料，此处焊料发生严重的塑性变形，图4.4（b）是界面附近变形焊料的放大照片，可以看出，靠近Cu_6Sn_5/焊料界面的焊料出现了"挤出"现象。

图4.5是试样中间焊点上下界面附近的微观变形照片，由图4.5（a）可以看出，严重的起伏状的塑性变形主要发生在β-Sn相，在Sn-Ag_3Sn共晶区的变形并不明显，说明Ag_3Sn金属间化合物起到强化作用。图4.5（b）所示界面附近的焊料内发生了塑性变形，在靠近Cu_6Sn_5/焊料界面的焊料表面出现微观断裂，同时观察到锡的晶界微裂纹。

图4.6是温度循环450周后边缘侧焊点远离焊接界面的焊料内部变形形貌，由图可以看出，之前已经萌生的β-Sn晶界裂纹进一步加深，表明裂纹由焊料表面进一步向焊料内部扩展。图4.6（b）是之前未发生明显变形的焊料区域在经历450周温度循环后的变形形貌，可以发现，在β-Sn内部已经出现了很多变形条带，表明此时β-Sn内部已经发生了严重的塑性变形，而Ag_3Sn化合物附近并未出现明显的变形带。温度循环450周后，中间焊点远离焊接界面的焊料内没有观测到沿晶断裂的锡晶粒，更为严重的塑性变形出现在靠近焊接界面的焊料内。图4.7（a）是温度循环450周后中间焊点焊接界面附近的变形形貌，图4.7（b）是（a）的放大照片，靠近焊接界面的β-Sn晶粒内的塑性变形严重，但是Ag_3Sn-Sn共晶区的塑性变形并不是十分明显，这表明细小的Ag_3Sn化合物起到强化作用。

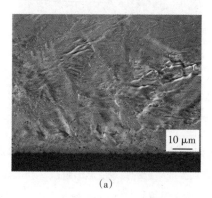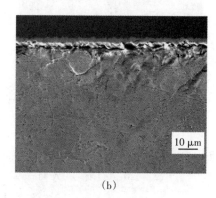

（a）　　　　　　　　　　　　　　　（b）

图4.5　热剪切应力循环作用250周后Sn3Ag0.5Cu/Cu中间焊点的焊接界面附近的变形与微裂纹

（a）−20~70 ℃循环250周后中间焊点界面附近的微观变形形貌；

（b）−20~70 ℃循环250周后中间焊点的表面裂纹

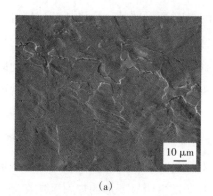

（a）　　　　　　　　　　　　　　　（b）

图4.6　−20~70 ℃循环450周后边缘侧焊点内焊料的变形与微裂纹

（a）微裂纹的分布形貌；（b）远离界面的焊料变形形貌

图4.8（a）~（d）是边缘侧焊点经历750周温度循环后焊料内部微裂纹的萌生与扩展情况，随着循环周次增多，焊料内部原有微裂纹进一步扩展，越来越多的位置萌生出新的微裂纹。图4.8（c）（d）中所示微裂纹为温度循环450~

750周之内新萌生的微裂纹。由图4.8可以看出，微裂纹仍然出现在β-Sn晶界处。而焊接界面化合物层附近的变形情况与温度循环450周时相比无明显变化，说明回流态热剪切疲劳的损伤主要集中在焊料内部，裂纹的萌生与扩展行为不断在焊料的β-Sn中进行。

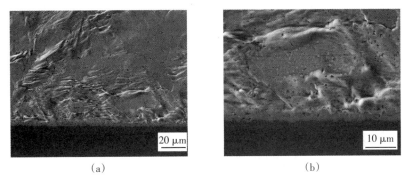

（a）　　　　　　　　　　　　　（b）

图4.7　热剪切应力循环作用450周后Sn3Ag0.5Cu/Cu中间焊点的焊接界面附近的变形

（a）−20~70 ℃循环450周后中间焊点界面附近的变形形貌；

（b）Ag₃Sn+β-Sn共晶区的放大图像

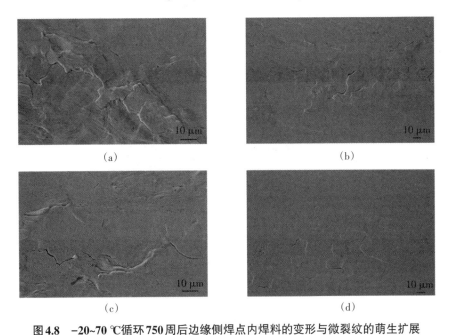

（a）　　　　　　　　　　　　　　（b）

（c）　　　　　　　　　　　　　　（d）

图4.8　−20~70 ℃循环750周后边缘侧焊点内焊料的变形与微裂纹的萌生扩展

（a）原有微裂纹的扩展；（b）~（d）温度循环450~750周过程中焊料不同部位新萌生的微裂纹

图4.9是中间焊点温度循环750周后界面附近的微观变形形貌。图4.9（a）显示出界面附近的焊料继续发生塑性变形，界面附近β-Sn的变形带增多，而且在距离焊接界面稍远的焊料内部出现微裂纹；在图4.9（b）所示界面表面裂纹附近塑性变形条带增多，在距离界面稍远的焊料内出现微裂纹的萌生。图4.9表明中间焊点的疲劳损伤集中在焊接界面附近。根据以上实验结果可以发现，热剪切疲劳过程中，边缘侧焊点的热疲劳损伤高于中间焊点的热疲劳损伤，剪切应力沿焊点对角线方向交替作用，疲劳损伤主要集中在远离界面的焊料内部，β-Sn发生严重塑性变形，微裂纹容易出现在晶界处。

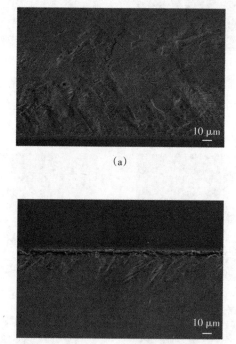

图4.9　-20~70℃循环750周后中间焊点界面附近的微观变形断裂与断裂

（a）下界面附近焊料的变形形貌；

（b）上界面微裂纹的扩展

热疲劳是一种应变控制的疲劳，疲劳是由热胀系数不同产生的应变不匹配所引起的。升温降温阶段产生应变，应变大小与温度变化范围、变温斜率有关，保温阶段会发生应力松弛，高温下大块材料内部应力能够在短时间内完全松弛，尽管有文献[116]报道，延长高温段的停留时间有利于提高疲劳抗性。但是对于尺寸较小的焊点而言，相同条件下，残余应力不能完全松弛，焊点的几何约束使得应力松弛比大样品慢得多[117-118]。如图4.10所示，焊接界面附近区域是几何约束区，其应力松弛比远离焊接界面的焊料慢很多，无论是界面约束区的焊料，还是远离焊接界面的焊料，高温停留阶段均不能使应力完全松弛，每一个循环周次都会产生残余应力和应变，对焊点形成损伤，随着温度循环周次增加，这种损伤的不断叠加积累，最终诱发微裂纹并扩展，对焊点可靠性产生危害。

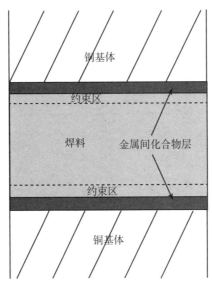

图4.10 焊点结构示意图

远离焊接界面的焊料内β-Sn沿晶界的断裂源于β-Sn热膨胀系数的各向异性。多晶材料中的每个晶粒均可看作一个单晶。β-Sn单晶属于正方晶系，晶格常数$a=b=0.5831$ nm，$c=0.3182$ nm，且a、b、c三轴互相垂直，如图4.11（a）所示，a、b轴的热膨胀系数均小于c轴的热膨胀系数，c轴的热膨胀系数约为a、b轴热膨胀系数的2倍（见表4.2）。焊料中的β-Sn是包含很多晶粒的多晶材料，由晶粒间取向差引起的热膨胀系数的不同，会使晶界处产生应力，如图4.11（b）所示，晶界处的应力可分解为垂直于晶界的作用和平行于晶界的作用。垂直于晶界界面的法向力增大到一定程度，能够使晶界两侧的晶粒分离，产生裂纹。而在晶界界面内的切向分力可使晶粒沿晶界发生滑动，在升温降温不断作用下，这种沿晶界界面的反复滑动作用也能够使晶界处产生微裂纹。事实上，晶界滑动在焊料内确实很容易发生，实验中所使用焊料的熔点为217℃，在70℃时归一化温度可达0.7，在热剪切疲劳前期的循环周次内，焊料的锡晶粒中不断发生位错滑移和增殖，位错密度持续增加，在高的归一化温度下，晶界滑动是焊料主要的变形方式，以晶界滑动来降低应变能。

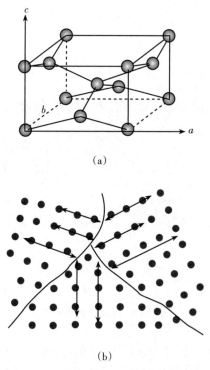

图4.11　β-Sn各向异性产生晶界应力示意图

（a）β-Sn晶格结构示意图；（b）热膨胀系数各向异性引起的晶界应力

　　焊接界面附近的断裂发生在靠近Cu_6Sn_5/焊料的焊料内，既不是Cu_6Sn_5/焊料界面，也不是界面化合物Cu_6Sn_5内部，这与界面附近较强的几何约束和β-Sn在焊接界面的择优取向有关。一方面，在焊接界面附近的焊料，由于受到尺寸较大的铜基体的约束，此处焊料在高温保温阶段的应力松弛较远离焊接界面的焊料的应力松弛弱，因此，每个循环周次中靠近界面的焊料内残余应力较强，塑性变形严重，随着热疲劳周次的不断增加，这种损伤不断积累而产生微裂纹；另一方面，根据表4.1、表4.2和实验温度，Cu_6Sn_5和Cu的热膨胀系数分别为$16.3 \times 10^{-6}/℃$和$16.7 \times 10^{-6}/℃$，β-Sn的热膨胀系数$\alpha_{[100]} = \alpha_{[010]} = 15.4 \times 10^{-6}/℃$，$\alpha_{[001]} = 30.5 \times 10^{-6}/℃$，有文献报道，β-Sn晶粒与$Cu_6Sn_5$结合时，β-Sn晶粒热膨胀系数与$Cu_6Sn_5$热膨胀系数相匹配的方向优先与界面$Cu_6Sn_5$结合[119]，β-Sn的$a$，$b$轴方向容易与界面$Cu_6Sn_5$层结合，这样，在$Cu/Cu_6Sn_5$和$Cu_6Sn_5/$β-Sn界面处，热膨胀系数非常接近，热疲劳过程中这两处界面不会因热膨胀系数不同而产生大的应力，回流态的Cu_6Sn_5晶粒是扇贝状的，Cu_6Sn_5与焊料的连接界面是起伏变化的曲面而不是平面，故在距离$Cu_6Sn_5/$β-Sn界面大约一个晶粒尺寸的焊料中，β-Sn晶粒的取向是随机分布的，应力主要集中在此区域，因此，实验中，在靠近$Cu_6Sn_5/$β-Sn界面的焊料内，出现裂纹，疲劳损伤严重。

表4.2　β-Sn单晶内各方向的热膨胀系数与杨氏模量 [109, 115]

β-Sn	晶格参数/nm	热膨胀系数/CTE 10⁻⁶℃⁻¹	杨氏模量/GPa
a, b	0.5832	15.4[109] 16.5[115]	85
c	0.3182	30.5[109] 32.4[115]	54

4.3　时效态Sn-Ag-Cu焊点的热剪切疲劳行为

电子设备中的焊点在服役过程中，由于电流产生的焦耳热，往往使焊料组织发生粗化，焊接界面的金属间化合物层的形貌厚度和成分均会发生变化，这些微观组织的变化也会影响焊点的疲劳断裂行为。本节研究了粗化的焊点组织的热疲劳行为，试样形状尺寸、温度循环实验的加载方式与4.3节相同。图

4.12是回流态焊点在180 ℃时效14天后的微观形貌。时效处理后，界面IMC层增厚，与焊料的连接界面起伏程度变缓，同时铜基体与Cu_6Sn_5化合物层中间形成了新的化合物层，即Cu_3Sn化合物层。焊料内部的化合物Cu_6Sn_5和Ag_3Sn也发生了粗化。

10 μm

图4.12　Sn3Ag0.5Cu/Cu焊点在180 ℃时效14天后的微观形貌

图4.13是边缘侧时效焊点经历250周温度循环后的微观变形形貌，并没有观测到远离焊接界面的焊料内严重的塑性变形和微裂纹，变形主要集中在焊接界面附近的约束区。靠近Cu_6Sn_5/焊料界面的焊料发生了严重的塑性变形，有的焊料沿垂直于表面方向被"挤出"，为数不多的锡晶粒晶界处出现裂纹，主裂纹主要出现在靠近Cu_6Sn_5/焊料界面的约束区焊料内，主裂纹方向平行于焊接界面。另外，在界面Cu_6Sn_5层内少量晶粒发生断裂，但Cu_6Sn_5/Cu_3Sn界面处和Cu_3Sn化合物内并未观察到微裂纹。图4.14是时效态样品中间焊点经历250周温度循环后的显微照片，可以看出，中间焊点几乎没有发生明显变化，这也证实了图4.1中所设计试样的中间焊点承受的应变确实比边缘侧焊点的小。

（a）

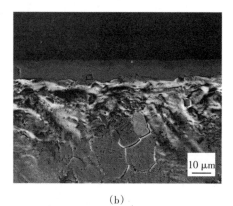

（b）

图 4.13　−20~70 ℃循环 250 周后边缘侧焊点界面附近的微观变形形貌

（a）下界面附近；（b）上界面附近

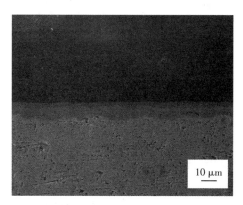

图 4.14　−20~70 ℃循环 250 周后中间焊点界面附近的微观变形形貌

图4.15显示了温度循环450周次后时效焊点的微观形貌。图4.15（a）是焊接界面附近的变形形貌，界面化合层Cu_6Sn_5内部出现大量的微裂纹，界面附近的焊料塑性变形加剧，紧邻Cu_6Sn_5化合物层的焊料表面开裂，距离界面稍远的焊料内出现微裂纹。图4.15（b）是远离焊接界面的焊料的微观形貌，可以看出，远离焊接界面的焊料内并没有发生严重的塑性变形，边缘侧焊点的变形开裂行为发生在焊接界面附近。图4.16是中间焊点在经历450周温度循环后的显微照片，时效态试验中间焊点在经历了450周热剪切应力循环后，焊接界面附近出现裂纹，紧邻Cu_6Sn_5化合物层的焊料表面开裂，但Cu_6Sn_5层尚未发生断裂，由图4.16可以看出，界面附近焊料内的大尺寸金属间化合物与β-Sn之间由于热胀系数不同，化合物与β-Sn界面处也萌生了微裂纹。

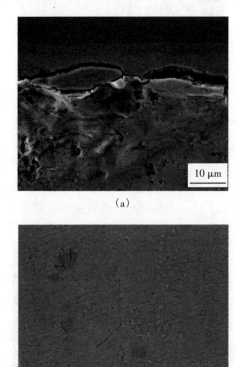

（a）

（b）

图4.15　−20~70 ℃循环450周后边缘侧焊点界面附近的微观变形形貌

（a）界面附近；（b）远离界面的焊料

图4.16 −20~70 ℃循环450周后中间焊点界面附近的微观变形形貌

图4.17是时效态试样边缘侧焊点温度循环750周后的变形形貌，由图4.17（a）可以看出，焊接界面附近焊料表面开裂加深，距离焊接界面稍远的焊料内部的β-Sn内萌生出新的微裂纹。图4.17（b）中显示界面化合物层附近发生断裂，紧邻化合物层的焊料"挤出"严重。图4.17（c）（d）是断裂的界面化合物层的放大照片，由图可以看出，界面Cu_6Sn_5断面平整，属于脆性断裂模式。由图4.17（d）中可以观察到焊接界面化合物层处表层Cu_6Sn_5的剥离，暴露出内层Cu_6Sn_5化合物，同时在临近焊接界面的焊料内，一部分Cu_6Sn_5化合物也发生了断裂。

经热时效处理的试样焊点微结构发生变化，焊接界面化合物层增厚，所占体积分数增加，焊料组织中β-Sn晶粒、焊料内部的Ag_3Sn和Cu_6Sn_5化合物均发生粗化，致使焊料的强度降低，升温阶段和降温阶段不同取向晶粒间和焊接界面附近由于热膨胀系数不同而产生应力和应变，保温阶段发生应力松弛，Sn3.0Ag0.5Cu焊料的熔点较低（217 ℃），高温保温阶段归一化温度可达0.7，容易发生动态回复过程。在热疲劳开始的前几周内，β-Sn晶粒内部不断发生位错滑移和增殖，位错密度持续增加，当位错密度增加到一定程度时，焊料可迅速发生回复，发生异号位错的对消和位错密度的改变[120]，由于焊点的几何约束效应和保温时间较短的原因，应力不能完全松弛，仍残留应力，时效态焊点相比回流态焊点，其界面化合物层的厚度增加，体积分数增大，随着热疲劳继续进行，残留应力应变不断积累，在焊接界面附近，应变集中最为严重，紧靠Cu_6Sn_5/焊料界面的焊料发生严重的塑性变形，不仅在β-Sn内发生了严重的塑性变形，随着 Ag_3Sn 化合物的粗化，其强化效果减弱，而且 Ag_3Sn-Sn 共晶区也发生了严重的塑性变形，这使得微裂纹产生后，很容易彼此连接的形成宏观裂纹，因此紧邻化合物层的焊料表面开裂。同时，热时效处理后，界面化合物层增厚，体积分数增加，而且在铜基体和 Cu_6Sn_5 化合物层之间形成了 Cu_3Sn 化合物层，应变失稳增加，在 Cu_6Sn_5 化合物层处产生应变和应力集中，在某些应变集中最为严重的区域，Cu_6Sn_5 内发生脆性断裂。另外，焊料中锡晶粒晶界处，尤其是多个晶粒的晶界交汇处，应力集中严重，随着循环周次的不断增加，应力集中越来越严重，达到一定程度时，晶界处发生开裂，形成微裂纹。与焊接界面附近的损伤断裂相比，焊料内部晶粒间的微观断裂占次要地位，时效态焊点宏观主裂纹产生于界面化合物层附近，主要原因是界面化合物层增厚，体积分数增加，导致应变积累迅速，而 Cu_6Sn_5 本身比较脆，当应变累积到一定程度时，Cu_6Sn_5 化合物发生脆性断裂。

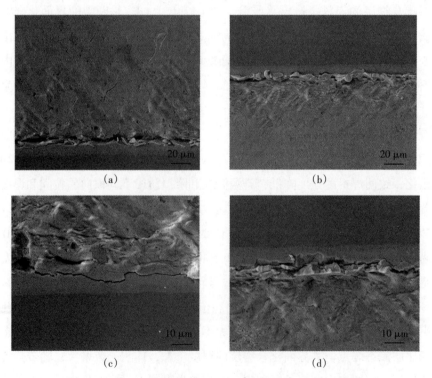

(a) (b) (c) (d)

图 4.17　−20~70 ℃循环 750 周后边缘侧焊点的变形断裂形貌

(a)~(b) 焊接界面和焊料的变形断裂形貌；(c)~(d) 放大的界面化合物层的断裂形貌

4.4　回流态 Sn-Ag-Cu 焊点的热拉压疲劳行为

为研究 Sn3Ag0.5Cu/Cu 焊点的热拉压疲劳，采用图 4.1（b）所示试样形状，为缩短实验时间，通过增大铜基体尺寸的方法提高应变幅。假设由铜基体和焊料热膨胀系数不同而引起的应变全部由焊料承担，则热疲劳过程中的应变幅可表示为

$$\varepsilon = \frac{\alpha_1 L \Delta T - \alpha_2 h \Delta T}{h} \tag{4.2}$$

其中，α_1 是铜基体的热膨胀系数，α_2 是焊料的热膨胀系数，L 为铜基体的长度，ΔT 为温度循环实验的温度变化范围，h 是焊点中焊料的高度。根据表 4.1 中的热膨胀系数和实验样品的尺寸，可估算出热拉压疲劳中焊料的应变幅约为 0.03，温度循环变化范围为 -20~70 ℃，每个周次内在两端各保温 30 min。

图 4.18 是回流态 Sn3Ag0.5Cu/Cu 焊点在未进行温度循环实验之前的显微照片，焊料的微观组织包括 β-Sn 和分布其中的 Ag_3Sn 金属间化合物和 Cu_6Sn_5 金属间化合物，在焊料与铜基体之间存在一薄层——Cu_6Sn_5 化合物层。图 4.19 是 Sn3Ag0.5Cu/Cu 焊点在经历温度循环 300 周之后的微观变形形貌。由图 4.19 （a）可以看出，在距离焊接界面稍远一点的焊料内部，出现一些不规则的变形

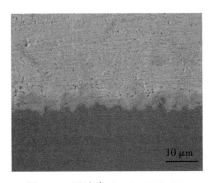

图 4.18　回流态 Sn3Ag0.5Cu/Cu
焊点的扫描电子显微照片

台阶。图4.19（b）是这些变形台阶的放大形貌，变形台阶出现在β-Sn晶粒的晶界处，多数β-Sn晶粒内部平整，并没有出现滑移带，而只有个别β-Sn晶粒内部出现轻微的变形带。

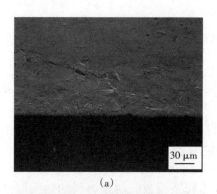

（a）

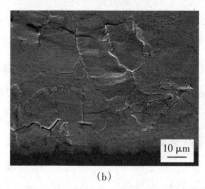

（b）

图4.19　Sn3Ag0.5Cu/Cu焊点在经历温度循环300周之后的微观变形形貌及放大照片

（a）–20~70 ℃温度循环300周焊点的微观变形形貌；

（b）界面附近变形焊料的放大照片

　　图4.20是Sn3Ag0.5Cu/Cu焊点在经历500周热拉压疲劳后的微观变形形貌。图4.20（a）所示位置与图4.19（b）位置是对应的，是图4.19（b）中微观组织又经历200周热拉压疲劳后的变形形貌，对比两图可以发现，温度循环300周时β-Sn晶粒晶界处出现的变形台阶已经演化为微裂纹；同时，在靠近焊接界面的焊料的其他位置也观察到微裂纹和一些变形台阶，如图4.20（b）（c）所示。图4.21是Sn3Ag0.5Cu/Cu焊点在经历800周热拉压疲劳后的微观变形形貌。图4.21（a）所示损伤位置与图4.19（b）和图4.20（a）所示位置是对

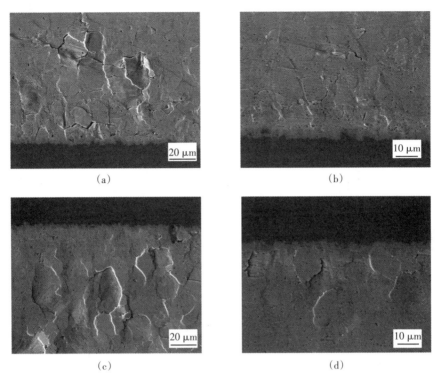

（a） （b）

（c） （d）

图4.20 −20~70 ℃循环500周后Sn3Ag0.5Cu/Cu焊点内焊料微裂纹的萌生与扩展

（a）原有微裂纹的扩展；

（b）~（d）温度循环300周至500周过程中焊料不同部位新萌生的微裂纹

应的，在经历了800周热循环后，原有微裂纹进一步扩展加深，同时有新的微裂纹萌生。图4.21（b）是远离焊接界面的焊料的变形断裂形貌，随着热疲劳损伤的不断累积，不仅焊接界面附近的焊料表面沿晶界开裂，而且在远离焊接界面的焊料表面也发生局部开裂，这种热应力的拉压疲劳损伤行为与焊点的机械应力疲劳损伤行为是不同的。Sn4Ag/Cu焊点的拉压疲劳实验结果显示，应力主要集中发生在焊接界面附近的焊料内，焊点的最终断裂方式是沿平行于焊接界面的方向断裂，这种断裂方式的不同源于实验条件的不同，纯机械的拉压疲劳是通过外加载荷施加交变拉压应力进行的，而本实验中，除了铜基体的热胀冷缩对焊点施加交变载荷以外，焊料内部组织（主要是β-Sn枝晶）还会发生热胀冷缩，β-Sn的热膨胀系数并不是各向相同的，在晶粒之间会引发应力，热拉压疲劳实际上是上述两种应力叠加的损伤行为。根据以上实验结果可以发现，回流态Sn3Ag0.5Cu/Cu焊点的热拉压疲劳损伤主要发生在焊料的β-Sn内，主要表现为焊料中β-Sn枝晶沿晶界开裂，而即使循环800周后，焊接界面的化合物层和紧邻Cu₆Sn₅层的焊料并没有出现明显的微裂纹或塑性变形，这种损伤形式与回流态Sn3Ag0.5Cu/Cu焊点的热剪切疲劳损伤不尽相同。回流态热剪切疲劳中，损伤发生在远离焊接界面的β-Sn枝晶和紧邻焊接界面的焊料内，紧邻焊接界面化合物层的焊料沿平行于焊接界面方向发生宏观断裂，这种差别与加载方式有关，热拉压疲劳过程中，热应力沿垂直于焊接界面方向反复作用，而热剪切疲劳过程中热应力沿平行于焊接界面方向反复作用，反复的剪切作用使焊接界面附近的焊料发生损伤。

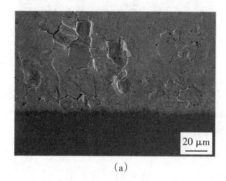 

(a)   (b)

图4.21　-20~70 ℃循环800周后Sn3Ag0.5Cu/Cu焊点的微观变形与断裂形貌

(a) 焊接界面附近的变形断裂形貌；

(b) 远离焊接界面的焊料的变形与断裂形貌

Shang等人发现，Sn-3.8Ag-0.5Cu合金的疲劳损伤与本实验中的损伤特征相似[62]，意味着Sn3Ag0.5Cu/Cu焊点的热拉压疲劳性能取决于焊料合金的抗疲劳性能，如4.2节所述β-Sn晶体热膨胀系数存在各向异性。根据表4.1和表4.2，β-Sn单晶a、b轴热膨胀系数为$15.4×10^{-6}$/℃，c轴的热膨胀系数为$30.5×10^{-6}$/℃，界面化合物Cu₆Sn₅的热膨胀系数为$16.3×10^{-6}$/℃，β-Sn晶粒与Cu₆Sn₅结合时，热膨胀系数与Cu₆Sn₅热膨胀系数相匹配的方向优先与Cu₆Sn₅结合，也就是说，β-Sn的a、b轴方向所在平面与焊接界面方向趋于平行，热拉压疲劳过程中，加载方向沿垂直于焊接界面方向，临近焊接界面的β-Sn晶粒在此方向上热胀系数差小，不容易产生应力集中，由于β-Sn晶粒大小不等，距离焊接界面稍远的焊料中，这种有利的取向被打破，各个β-Sn晶粒之间的取向关系成随机分布，在热拉压疲劳过程中，晶粒之间会不断累积由热膨胀系数不同而引起的热应力，随着循环周次的不断增加，晶界处应力集中越来越严重，达到一定程度后，β-Sn在晶界处发生开裂，形成微裂纹。

第5章　无铅焊料的纳米强化

　　焊点的力学性能主要取决于焊料和界面化合物层，对于焊料而言，提高焊点的力学性能包括两方面：一方面要保证焊料具有优异的延展性；另一方面要保证其具有较高的强度，可以具有充足的滑移，但不能使位错过度塞积，产生严重的应力集中。回流态Sn3Ag0.5Cu无铅焊料的焊点在这两个方面的综合性能优异，但美中不足的是起到强化作用的小尺寸Ag_3Sn化合物在高温时效演化过程中会演化成棒状或板条状，尺寸增大，而且$Ag_3Sn+\beta-Sn$共晶结构的网络分布状态能够被打破，强化能力下降。寻求一种无论是在回流态还是在高温时效过程中，都能保持强化作用的新型无铅焊料，无疑对提高焊点的力学性能是非常有利的。对于焊接界面的金属间化合物层而言，其断裂往往是由应变严重失稳造成的，而界面化合物层形貌尺寸和厚度越大，应变失稳越严重，因此，寻求抑制界面化合物的生长行为的方法同样是非常有意义的。另外，由于焊点的归一化温度较高，焊料能够通过晶界滑动发生蠕变行为，如何提高焊料的抗蠕变性能，也是近年来的研究热点。基于以上原因，一些研究人员开始探索在无铅焊料中添加纳米粒子（纳米TiO_2[121-123]、炭纳米管[16]等）、稀土元素（镧[124]、铈[125]等）或其他第二相金属（镍[83]、钼[126]等），以提高无铅焊料的各种性能，这种添加其他元素的无铅焊料称为复合无铅焊料。本章介绍了在Sn3Ag0.5Cu无铅焊料中添加纳米氧化钇制备新型复合无铅焊料的方法，研究了添加纳米氧化钇对焊接界面化合物Cu_6Sn_5生长行为及焊点力学性能的影响。选用纳米氧化钇作为添加物质，有两方面原因：一是氧化钇的化学性能稳定，不会与Sn3Ag0.5/Cu焊点内任何成分反应；二是氧化钇的热温度性好，纳米尺度的氧化钇即使在500℃条件下时效保温，也不会发生明显的长大[127]。最后一节讨论了添加纳米钼对Sn58Bi无铅焊料的强化作用。

5.1　纳米强化复合无铅焊料的制备方法

采用燃烧法[128]制备纳米Y_2O_3。将体材料Y_2O_3溶于硝酸，配成溶液，取适量的硝酸盐溶液与甘氨酸的水溶液，混合均匀，加热至燃烧，得到纳米氧化钇，反应方程式为：$6Y(NO_3)_3 + 10NH_2CH_2COOH + 18O_2 \rightarrow 3Y_2O_3 + 5N_2 + 18NO_2 + 20CO_2 + 25H_2O$。为提高纳米氧化钇的稳定性，将产物在500℃下退火2 h，为防止纳米粉团聚，将纳米粉加入酒精，进行超声振荡0.5 h，烘干备用。通过透射电子显微镜观察纳米氧化钇的形貌尺寸，如图5.1所示。纳米氧化钇粒子呈球状，大部分粒子直径在30 nm左右，个别粒子直径可达70 nm左右。

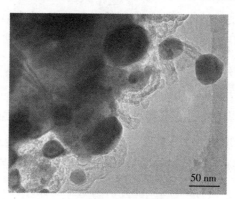

50 nm

图5.1　纳米氧化钇的透射电镜照片

按照氧化钇比$Sn3Ag0.5Cu$焊锡膏0.1%（质量比）的比例称取纳米Y_2O_3粉末，并将二者进行充分的机械搅拌，混合制成复合焊料，为研究添加纳米粒子对界面化合物Cu_6Sn_5生长行为的影响，将复合焊料与铜进行回流焊接，实验步骤如下：先将冷拔多晶铜使用线切割机切成如图5.2（a）所示形状，并分别使用800#，1200#，2000#砂纸进行打磨，利用2.5，1.0，0.5 μm的金刚石研磨膏进行机械抛光，之后使用电解抛光液进行电解抛光，得到平整光亮的表面，取适量的复合焊料涂覆于抛光的铜表面，放入240℃的恒温炉中，待焊料熔化一段时间后，取出，在空气中冷却。实验中制备回流时间分别为2，5，15 min，为了进行对比，使用同样的方法，将Sn3Ag0.5Cu焊料与铜进行回流焊接。为了观察焊接界面化合物的形貌与尺寸，将多余的焊料打磨薄后，使用化学腐蚀液进行腐蚀，使界面化合物完全暴露出来，操作流程如图5.2（a）所示，利用Image-Pro Plus软件统计了界面化合物Cu_6Sn_5的尺寸。为研究复合焊料的力学性能，使用复合焊料和铜基体制备了两组如图5.2（b）所示试样：一组是进行回流态焊点的拉伸和剪切测试，回流温度均为240 ℃，回流时间均为10 min；另一组在回流之后，又放入180 ℃的恒温炉中进行时效处理，保温一周，然后再进行拉伸和剪切测试。力学测试在Instron E1000拉伸试验机上进行，加载速率为0.0025 mm/s，使用LEO supra 35扫描电子显微镜观察焊点的微结构和断裂形貌。

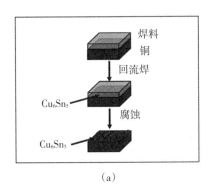

（a）

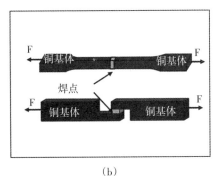

（b）

图5.2　观测界面化合物Cu_6Sn_5的准备流程示意图、复合焊料和铜基体制备的试样形态与加载方向

（a）观测界面化合物Cu_6Sn_5的准备流程示意图；

（b）焊点拉伸和剪切测试的试样形状与加载方向

5.2 Y₂O₃纳米粒子对界面化合物生长行为的抑制

图5.3（a）~（c）分别是Sn3Ag0.5Cu/Cu在240 ℃回流2，5，15 min的界面化合物Cu_6Sn_5的俯视扫描显微照片，图5.3（d）~（f）分别是复合焊料/Cu在240 ℃回流2，5，15 min的界面化合物Cu_6Sn_5的俯视扫描显微照片。可以看出，无论哪种焊料与铜焊点，随着回流时间的增加，界面化合物Cu_6Sn_5的尺寸均会增加，但是在相同的回流时间条件下，添加纳米粒子的复合焊料与铜反应生产的界面Cu_6Sn_5晶粒尺寸明细减小，而且对于回流15 min的复合焊料样品，其界面Cu_6Sn_5化合物的形貌有些已经不再是扇贝状形貌，而是近似棱柱形貌。可见，焊料中添加纳米粒子能够对回流过程中界面化合物Cu_6Sn_5晶粒的生长行为产生明显的影响。

使用Image-Pro Plus软件统计多张扫描照片中的Cu_6Sn_5晶粒直径，可以计算出不同回流时间下焊料与铜基体反应生成的Cu_6Sn_5晶粒的平均半径。图5.4（a）显示了回流时间与Cu_6Sn_5晶粒的平均半径的关系，在对数坐标中，二者成线性关系，对应的拟合直线斜率为1/3，也就是说，Cu_6Sn_5晶粒平均半径$<r>$与回流时间t之间满足

$$<r>= C_1 t^{1/3} \tag{5.1}$$

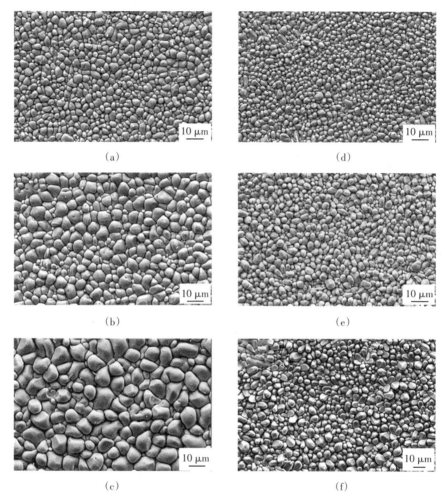

图5.3 Sn3Ag0.5Cu/Cu和复合焊料/Cu在240 ℃回流不同时间生成的

Cu_6Sn_5化合物形貌俯视图

（a）Sn3Ag0.5Cu/Cu回流2 min；（b）Sn3Ag0.5Cu/Cu回流5 min；

（c）Sn3Ag0.5Cu/Cu回流15 min；（d）复合焊料/Cu回流2 min；

（e）复合焊料/Cu回流5 min；（f）复合焊料/Cu回流15 min

其中，C_1是常数。很多研究人员的实验结果也证实了Cu_6Sn_5尺寸与回流时间的1/3次方成正比[95, 129]。然而，从图5.4（a）可以看出，添加纳米粒子的复合焊料与铜反应生成的Cu_6Sn_5尺寸随着回流时间按照1/6次方增长，这表明添加的纳米粒子抑制了Cu_6Sn_5化合物的生长，降低了其生长速度。图5.4（b）~（d）显示了复合焊料与铜反应生成的Cu_6Sn_5晶粒尺寸的分布情况，以平均半径附近区间内的晶粒个数为基准进行归一化处理，横轴代表任意晶粒半径与平均半径之比，纵轴代表半径为r附近区间内的晶粒个数与平均半径附近区间内的晶粒个数之比，三幅图中峰位均小于1，说明分布概率最大的晶粒尺寸在平均值之下。

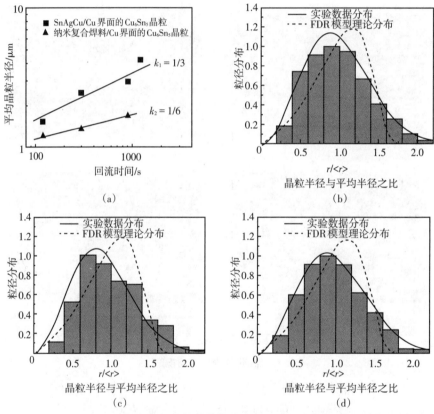

图5.4 Sn3Ag0.5Cu和复合焊料在铜基体上回流不同时间生成的Cu_6Sn_5平均晶粒的半径和尺寸分布规律

（a）两种焊料生成的Cu_6Sn_5晶粒平均半径与回流时间的关系；

（b）复合焊料在铜基体上回流120 s时的晶粒尺寸分布；

（c）复合焊料在铜基体上回流300 s时的晶粒尺寸分布；

（d）复合焊料在铜基体上回流900 s时的晶粒尺寸分布

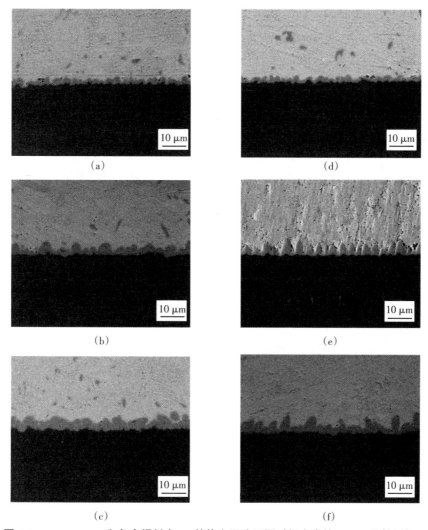

图5.5　Sn3Ag0.5Cu 和复合焊料在 Cu 基体上回流不同时间生成的 Cu₆Sn₅ 晶粒侧视图

（a）Sn3Ag0.5Cu/Cu 回流2 min；（b）Sn3Ag0.5Cu/Cu 回流5 min；

（c）Sn3Ag0.5Cu/Cu 回流15 min；（d）复合焊料/Cu 回流2 min；

（e）复合焊料/Cu 回流5 min；（f）复合焊料/Cu 回流15 min

图5.5（a）~（c）是 Sn3Ag0.5Cu/Cu 在 240 ℃分别回流2，5，15 min 后界面化合物层的侧视显微照片，随着回流时间延长，界面 Cu₆Sn₅ 层厚度增加，Cu₆Sn₅/Sn3Ag0.5Cu 焊料界面起伏程度减弱，图5.5（d）~（f）是复合焊料/Cu 在 240 ℃分别回流2，5，15 min 后界面化合物层的侧视显微照片，界面化合物层

厚度也随着回流时间增加而增加，但Cu_6Sn_5晶粒沿垂直于焊接界面方向的生长速度与平行与焊接界面方向的生长速度并不完全相等，造成一些Cu_6Sn_5晶粒形貌由半球形或扇贝形转变为棱柱形。图5.6显示了两种焊料与铜反应生成的Cu_6Sn_5层的平均厚度与回流时间的关系，复合焊料与铜反应生成的化合物层平均厚度略小于Sn3Ag0.5Cu焊料与铜反应生成的化合物层平均厚度。

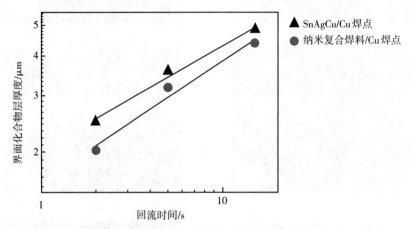

图5.6　界面化合物厚度随回流时间增长的关系

图5.7（a）是回流过程中焊料与铜基体反应生成界面化合物的示意图，Cu_6Sn_5化合物的生长通过两种途径完成：一种途径是熔融的Sn直接与铜基体中的Cu原子反应，如图5.7（a）中（2）所示；另一种途径是Sn原子在Cu_6Sn_5/焊料界面与Cu原子反应，如图5.7（a）中（1）所示。半径为r的Cu_6Sn_5晶粒表面的Cu原子浓度C可表示为[130]

$$C = C_0 \exp\left(\frac{2\gamma V_m}{rRT}\right) \tag{5.2}$$

式中，C_0是Cu在焊料中的平衡浓度，γ是Cu_6Sn_5与熔融焊料之间的单位面积的界面能，V_m代表Cu_6Sn_5化合物的摩尔体积，R为气体常数，T为热力学温度。在数学上，当$\frac{2\gamma V_m}{rRT} \ll 1$时，半径为$r$的$Cu_6Sn_5$晶粒表面的Cu原子浓度$C$可近似写作

$$C \cong C_0\left(1 + \frac{2\gamma V_m}{rRT}\right) \tag{5.3}$$

半径小的 Cu_6Sn_5 晶粒表面 Cu 原子浓度大，而半径大的 Cu_6Sn_5 晶粒表面 Cu 原子浓度小，这样，在不同尺寸的晶粒之间，存在 Cu 原子的浓度梯度，所以，半径小的 Cu_6Sn_5 晶粒表面的 Cu 原子会向半径大的晶粒表面扩散，与 Sn 原子反应生成新的 Cu_6Sn_5，如图 5.7（a）中（1）方式所示，半径较大的晶粒不断长大，而半径小的晶粒却越来越小并最终消失。（1）路径中 Cu 原子的扩散通量 J_1 可写作

$$J_1 = -D\frac{\mathrm{d}C}{\mathrm{d}x} \cong -\frac{2\gamma V_m C_0 D}{3LRTr^2} \tag{5.4}$$

其中，L 是无量纲的系数，D 是 Cu 原子的扩散系数[25]。而扩散系数 D 可表示为

$$D = D_0 \mathrm{e}^{-\frac{Q}{RT}} \tag{5.5}$$

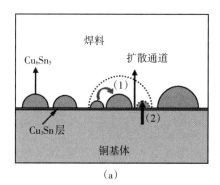

（a）

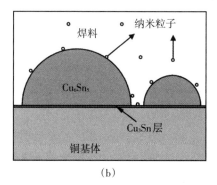

（b）

图 5.7　无铅焊料在铜基体上回流生成 Cu_6Sn_5 的过程示意图

（a）Cu_6Sn_5 的生长途径；（b）纳米粒子的表面吸附

其中，D_0是平衡常数，R为气体常数，T为热力学温度，Q是扩散激活能。在复合焊料中，Y_2O_3纳米粒子分布在Cu_6Sn_5/焊料界面或焊料内部，如图5.7（b）所示，纳米粒子具有大的比表面积、较小的质量分数，广泛分布于Cu原子扩散路径上的纳米粒子能够阻碍Cu原子的扩散行为，相当于提高了扩散激活能，从而降低了扩散通量。对于Cu_6Sn_5晶粒生长的另一种路径（2）而言，路径（1）经历的扩散距离相对长一些，因此，焊料中添加的纳米粒子主要会影响路径（1），在回流初期，（1）和（2）两种生长路径同时进行，作用相当，而随着回流时间增加，Cu_6Sn_5晶粒之间的间隙逐渐减少，路径（2）对Cu_6Sn_5晶粒的生长所起的作用减弱，路径（1）占据主导地位，纳米粒子对这一生长方式的阻碍作用显现得更为明显，所以，添加纳米粒子的焊料与铜基体反应生成的界面Cu_6Sn_5化合物尺寸小于未添加纳米粒子的焊料与铜基体反应生成的化合物尺寸。

5.3　回流态复合焊料的力学性能

使用Sn3Ag0.5Cu焊料和复合焊料分别与铜基体在240 ℃回流10 min制备了两组焊接试样，本节主要研究了添加纳米粒子对焊料微观组织和力学性能的影响。为更全面地了解焊料内部组织的立体形貌，在扫描观察之前，利用腐蚀液对焊料进行了化学腐蚀，将表层的一部分β-Sn腐蚀掉，焊料内部的金属间化合物更清楚地暴露出来，图5.8（a）是Sn3Ag0.5Cu/Cu焊料内部的显微照片，图中纤细的树枝状化合物为Ag_3Sn，大部分Ag_3Sn化合物呈树枝状彼此交错，也有少量小尺寸的Ag_3Sn呈颗粒状形貌，化合物之间的区域对应于被腐蚀掉的β-Sn。图5.8（b）是复合焊料/Cu在相同回流条件下制备的焊料内部显微照片，与Sn3Ag0.5Cu焊料内部化合物形貌对比，Ag_3Sn化合物仍然呈树枝状或颗粒状形貌，但颗粒状形貌的Ag_3Sn具有更大的比例，表明添加纳米Y_2O_3对Ag_3Sn金属间化合的生长行为具有一定的抑制作用。图5.8（c）是Sn3Ag0.5Cu/Cu焊接界面附近的显微照片。图5.8（d）是复合焊料/Cu在相同回流条件下制备的焊接界面附近的显微照片，复合焊料/Cu 界面的 Cu_6Sn_5 化合物层平均厚度略小于 Sn3Ag0.5Cu/Cu 界面的 Cu_6Sn_5 化合物层的平均厚度。图 5.9（a）是回流态 Sn3Ag0.5Cu/Cu 焊点和复合焊料/Cu 焊点的拉伸位移曲线，由图可以看出，两种焊料焊点在屈服之后都经历了长时间的硬化阶段，最终发生断裂。回流态复合焊料焊点的抗拉强度（58 MPa）大于 Sn3Ag0.5Cu 焊料焊点的抗拉强度（44 MPa）。图 5.9（b）是两种焊料焊点的剪切位移曲线，由图可以看出，复合焊料/Cu 焊点的剪切强度大于 Sn3Ag0.5Cu/Cu 焊点的剪切强度。

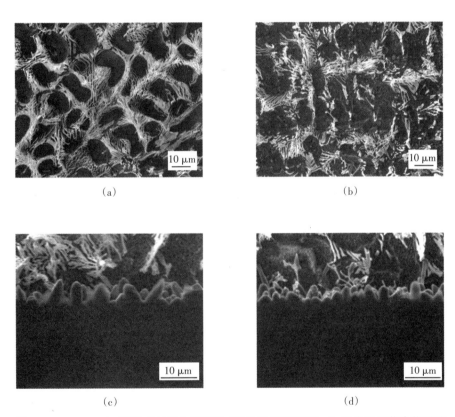

（a）　　　　　　　　　　　　　（b）

（c）　　　　　　　　　　　　　（d）

图 5.8　Sn3Ag0.5Cu/铜焊点与复合焊料焊点在 240 ℃回流 10 min 后金属间化合物形貌

（a）Sn3Ag0.5Cu 焊料内部；（b）复合焊料内部；

（c）Sn3Ag0.5Cu/铜界面附近；（d）复合焊料/铜界面附近

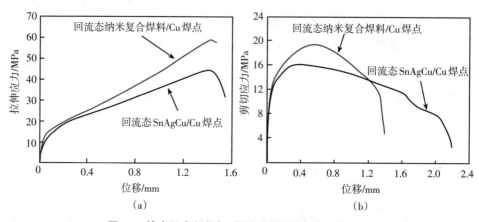

图5.9 掺杂纳米氧化钇对锡银铜/铜焊点的强化作用

（a）回流态SnAgCu/Cu焊点与复合焊料/Cu焊点的拉伸应力-位移曲线；

（b）回流态SnAgCu/Cu焊点与复合焊料/Cu焊点的剪切应力位移曲线

图5.10显示了Sn3Ag0.5Cu/Cu焊点与复合焊料/Cu焊点内部的断裂形貌，图5.10（a）是Sn3Ag0.5Cu/Cu焊点拉伸断裂的断面形貌，断口全部被锡覆盖，断面上分布着大量的韧窝，表明断裂发生在β-Sn内部，属于韧性断裂。图5.10（b）是Sn3Ag0.5Cu/Cu放大的断面特征，韧窝底部可观察到大量的微裂纹，在图5.10（b）中韧窝侧面标定的矩形区域内可观察到大量的滑移带。有研究人员在锡银铜焊料/铜焊点断面上还观察到脆断的界面化合物Cu_6Sn_5[131]，在本实验中，断面上并未发现界面化合物Cu_6Sn_5，这种断裂特征的不同与本实验的加载速率较低有关，在高应变速率条件下，界面化合物层容易发生脆性断裂；而在低应变速率条件下，断裂完全发生在焊料内部。图5.10（c）是复合焊料/Cu焊点拉伸断裂的断面形貌，图5.10（d）是复合焊料/Cu断面的放大形貌。由图可知，复合焊料/Cu焊点的断裂依然是锡的韧性断裂，在放大的显微照片（d）所标定的矩形区域内，可以观测到β-Sn内的部分位错。

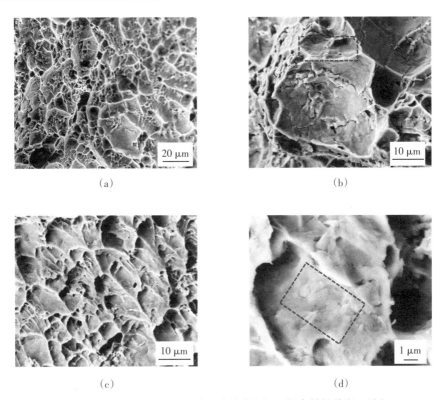

图 5.10　Sn3Ag0.5Cu/Cu 焊点和复合焊料/Cu 焊点的拉伸断口特征

（a）回流态 Sn3Ag0.5Cu/Cu 焊点拉伸断裂的断面形貌；

（b）Sn3Ag0.5Cu/Cu 拉伸断裂断面的放大形貌；

（c）回流态复合焊料/Cu 焊点拉伸断裂的断面形貌；

（d）复合焊料/Cu 拉伸断裂断面的放大形貌

　　图 5.11（a）是 Sn3Ag0.5Cu/Cu 焊点剪切断裂的断面形貌，图 5.11（b）是 Sn3Ag0.5Cu/Cu 剪切断裂断面的放大形貌，图 5.11（c）是复合焊料/Cu 焊点剪切断裂的断面形貌，图 5.11（d）为复合焊料/Cu 剪切断裂断面的放大形貌。两种焊点的剪切断面上均分布着被拉长的韧窝，表明剪切断裂也是发生在 β-Sn 内的韧性断裂。上述断裂特点表明，低应变速率条件下，无论是拉伸载荷还是剪切载荷，变形机制主要是滑移和位错间的相互作用。

图5.11 Sn3Ag0.5Cu/Cu焊点和复合焊料/Cu焊点的剪切断裂口特征

（a）Sn3Ag0.5Cu/Cu焊点剪切断裂的断面形貌；

（b）Sn3Ag0.5Cu/Cu剪切断裂断面的放大形貌；

（c）复合焊料/Cu焊点剪切断裂的断面形貌；

（d）复合焊料/Cu剪切断裂断面的放大形貌

随着晶粒内滑移系的开启，焊料发生屈服，发生塑性变形的晶粒内，滑移面上的位错源会不断产生位错，大量的位错沿滑移面运动，发生位错的交割，适量的位错密度可以提高材料的强度，产生硬化。而位错过度塞积会在位错塞积群的顶端产生高的应力集中，引发微裂纹，因此，微裂纹的产生源于位错的过度塞积，在Sn3Ag0.5Cu焊料内，β-Sn内分布着大量的Ag_3Sn化合物，在复合焊料内部，除了Ag_3Sn化合物以外，还存在氧化钇纳米粒子，当β-Sn中的位错遇到第二项粒子时，小尺寸的第二相粒子具有阻碍位错运动的作用，位错绕过第二项粒子所需的临界切应力符合如下关系

$$\tau \approx af^{1/2}r^{-1} \tag{5.6}$$

其中，a 为常数，f 是第二相粒子的体积分数，r 代表第二相粒子的半径。由式（5.6）可以看出，第二粒子尺寸越小，位错通过第二相粒子所需的临界切应力就越大，位错越难绕过第二项粒子，Keller 等人通过透射电子显微镜观察到尺寸在 50~150 nm 的颗粒状 Ag_3Sn 对位错的钉扎效果 [30]。本实验中，Sn3Ag0.5Cu 焊料内的大部分 Ag_3Sn 化合物呈树枝状，尺寸较大，只有少量 Ag_3Sn 化合物是小尺寸的粒子状形貌，而复合焊料中小颗粒状的 Ag_3Sn 相对多一些，见图 5.8（b），更重要的是该焊料中引入氧化钇纳米粒子，能够有效地阻碍位错运动，在一定程度上避免了位错的过度塞积，因此，具有明显的强化作用，焊料强度提高，相应的焊点抗拉强度也得到提高。

5.4 时效态复合焊料的力学性能

图 5.12（a）是 Sn3Ag0.5Cu/Cu 焊点在 180 ℃时效一周后界面化合物层的显微照片。图 5.12（b）是复合焊料/Cu 焊点在 180 ℃时效一周后界面化合物层的显微照片，其界面化合物的平均厚度略小于 Sn3Ag0.5Cu/Cu 界面化合物层平均厚度。图 5.12（c）是 Sn3Ag0.5Cu/Cu 焊点在 180 ℃时效一周后焊料内部组织的显微照片，可以看出，焊料中的 Ag_3Sn 化合物发生了粗化，不再具有网络状分布状态，同时焊料内可观察到尺寸较大的 Cu_6Sn_5 化合物。图 5.12（d）是复合焊料/Cu 焊点在 180 ℃时效一周后焊料内部组织的显微照片，其中的 Ag_3Sn 化合物尺寸相比图 5.12（c）中的尺寸略小一些。刘平等人研究并发现锡银铜焊料中添加 SiC 纳米粒子后焊料内部的 Ag_3Sn 化合物平均尺寸减小 [132]，与本实验结果相似。图 5.13（a）是 SnAgCu/Cu 焊点与复合焊料/Cu 焊点在 180 ℃等温时效 7 天后的拉伸应力位移曲线，图 5.13（b）是 SnAgCu/Cu 焊点与复合焊料/Cu 焊点在 180 ℃等温时效 7 天后的剪切应力位移曲线。由图可以看出，时效态复合焊料焊点的抗拉强度和剪切强度仍高于 Sn3Ag0.5Cu/Cu 焊点的抗拉强度和剪切强度，经 180 ℃条件下时效处理，焊料组织会发生粗化，β-Sn 晶粒长大，晶界减少，Ag_3Sn 化合物发生明显粗化，造成 Sn3Ag0.5Cu 焊料强度降低。对于复合焊料而言，在高温时效过程中，虽然 β-Sn 和 Ag_3Sn

化合物都发生粗化，阻碍位错运动的效果降低，但是复合焊料中添加的纳米 Y_2O_3 热稳定性好，不会发生明显的粗化长大，仍能保持其强化效果，从而使得复合焊料焊点的强度高于 Sn3Ag0.5Cu 焊点的强度。

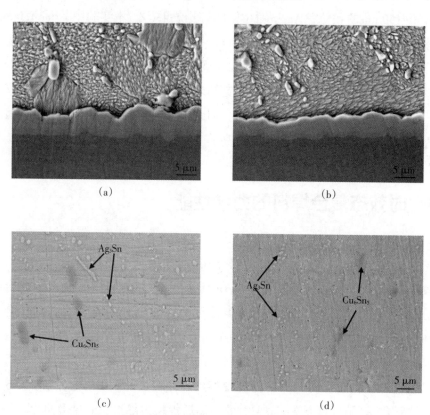

图5.12　时效态焊点组织显微照片

（a）Sn3Ag0.5Cu/铜界面附近；（b）复合焊料/铜界面附近；

（c）Sn3Ag0.5Cu焊料；（d）复合焊料

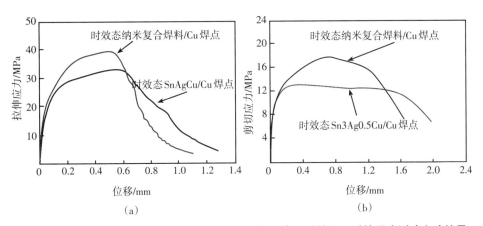

图5.13　Sn3Ag0.5Cu/Cu焊点与复合焊料/Cu焊点在高温时效处理后的强度测试实验结果
　　（a）时效态SnAgCu/Cu焊点与复合焊料/Cu焊点的拉伸应力–位移曲线；
　　（b）时效态Sn3Ag0.5Cu/Cu焊点与复合焊料/Cu焊点的剪切应力–位移曲线

5.5　添加纳米钼对Sn-Bi无铅焊料的强化

　　Sn-Bi共晶合金的熔点仅为139 ℃，而且成本低，热膨胀系数低，具有良好的物理和机械性能，特别适合于热敏感电子元器件的封装[133-134]。考虑到Sn-Ag-Cu焊料的熔点温度相对较高以及成本高等因素，当前对于Sn-Bi焊料的研发呈现出快速增长趋势。但是Sn-Bi焊料与铜的焊接界面在热时效过程中会发生Bi的偏聚现象，由于Bi的脆性，偏聚在Cu基体/IMC层界面很容易发生断裂，目前尚不是十分清楚Bi偏聚现象的微观机理。有学者认为，Bi的偏聚源于两个方面：一是源于Bi原子从焊料扩散到焊料和铜基体之间的界面，二是源于Bi在时效过程中从焊料/铜界面的Cu_3Sn化合物中析出。为了克服Bi偏聚问题，一些研究人员探索了多种方法，比如，开发不同类型的掺杂微米和纳米级金属（如Ag，Ni，In，Al，Co等）、氧化物（如TiO_2，Al_2O_3，ZrO_2，Ce_2O_3等）或稀土元素的复合材料。也有对基体进行合金化处理的研究，文献资料报道，基体合金化对解决Bi偏聚问题具有良好的效果[135-136]。深入认识无铅焊点内部微观组织的热时效演化机制，寻求能够抑制或延缓焊点失效的有效方式，对于提高焊点的可靠性具有重要的科学意义。本节以Sn58Bi焊料中添加Mo纳米粒子形成复合焊料为例，介绍纳米Mo对Bi原子的扩散行为和焊料硬度的影响，并分析纳米Mo对焊料的强化机理。图5.14是纳米Mo的扫描电镜照片，电镜照片显示纳米Mo呈球形，将纳米Mo以1%和2%（质量分数）添加到Sn58Bi焊膏中，将复合焊膏用搅拌器机械搅拌30 min，使Mo纳米颗粒在焊膏中均匀分布，形成Sn58Bi0.01Mo和Sn58Bi0.02Mo复合无铅焊膏。将Sn58Bi焊膏和Sn58Bi0.01Mo，Sn58Bi0.02Mo复合焊膏放入峰值温度为200 ℃的回流焊机中回流50 s，最后将部分样品分别进行120 ℃时效10天和20天试验，以观察其微观组织的演变及纳米钼对焊料硬度的影响。

200 nm

图5.14　纳米Mo的扫描电镜照片

图5.15（a）~（c）分别是Sn58Bi、Sn58Bi0.01Mo和Sn58Bi0.02Mo焊料回流后的显微组织图像。Sn58Bi焊料由富Sn相（扫描电镜图像中的暗区域）和富Bi相（扫描电镜图像中的亮区域）组成。图5.15（b）（c）表明，与Sn58Bi焊料相比，复合焊料的微观组织变得更为精细均匀。图5.15（d）~（f）和图5.15（g）~（i）分别对应于Sn58Bi，Sn58Bi0.01Mo，Sn58Bi0.02Mo焊料在时效10天和20天后的微观组织。随着时效时间延长，微观组织发生粗化。随着Mo纳米粒子质量分数增加，复合焊料中的Bi相和富Sn相组织仍然较Sn58Bi

焊料更为细化均匀。为了确定元素组分的分布，对样品进行了 EDS 能谱扫描，扫描结果如图 5.16 所示。图 5.16（a）是 Sn58B0.02Mo 时效 10 天后的 SEM 图像，图 5.16（b）~（d）显示了 Sn 元素、Bi 元素和 Mo 元素的分布。通过比较图 5.16（c）（d）发现，Mo 主要分布在富 Bi 相中。在焊接过程中，由于 Mo 的熔点比实验温度高很多，所以 Mo 纳米粒子保持固态，Mo 纳米粒子被富 Sn 相排出并分散在富 Bi 相中。在凝固过程和高温时效过程中，纳米 Mo 粒子的加入可以抑制富 Bi 相的粗化。

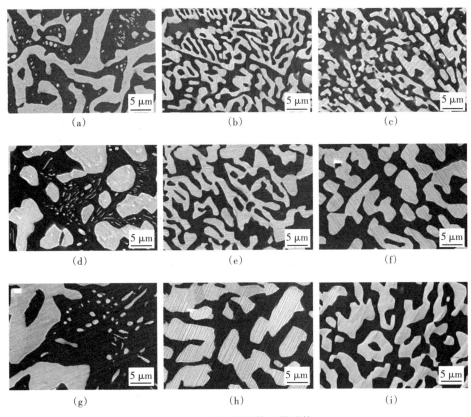

图 5.15　不同焊料的显微结构

（a）Sn58Bi，回流态；（b）Sn58Bi0.01Mo，回流态；（c）Sn58Bi0.02Mo，回流态；

（d）Sn58Bi，时效 10 天；（e）Sn58Bi0.01Mo，时效 10 天；（f）Sn58Bi0.02Mo，时效 10 天；

（g）Sn58Bi，时效 20 天；（h）Sn58Bi0.01Mo，时效 20 天；（i）Sn58Bi0.02Mo，时效 20 天

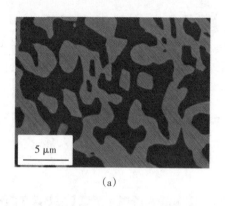
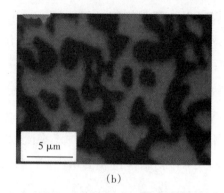

(a) (b)

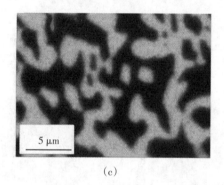
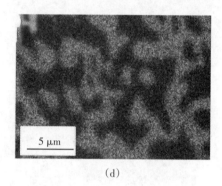

(c) (d)

图5.16　Sn58Bi0.02Mo焊料的元素分布图

（a）Sn58Bi0.02Mo时效10天后的扫描电镜图像；（b）对应于（a）中Sn元素的分布；

（c）对应于（a）中Bi元素的分布；（d）对应于（a）中Mo元素的分布

　　为了研究Bi原子和Sn原子在时效过程中的扩散行为，对时效20天的样品进行了EDS能谱线扫描，扫描路径为图5.17（a）~（c）中的白色线段，线段上的白点为扫描起点。能谱分析结果显示了扫描路径上各元素的质量分数，如图5.17（d）~（f）所示。图5.17（d）中，Sn58Bi焊料在0~0.5 μm扫描长度内，Bi的质量分数约为7%，Sn的质量分数为93%。在0.5~3.0 μm扫描范围内，Bi从7%逐渐增加到100%，Sn从93%逐渐减少到0。这表明富Sn相含有大约7%的Bi，但Bi相几乎不含Sn。根据图5.17（d），Sn58Bi扩散层的宽度约为2.5 μm。在Sn58Bi0.01Mo和Sn58Bi0.02Mo焊料中，扩散层的厚度均为1.8 μm左右，Mo纳米粒子的加入使得扩散层的厚度变窄。

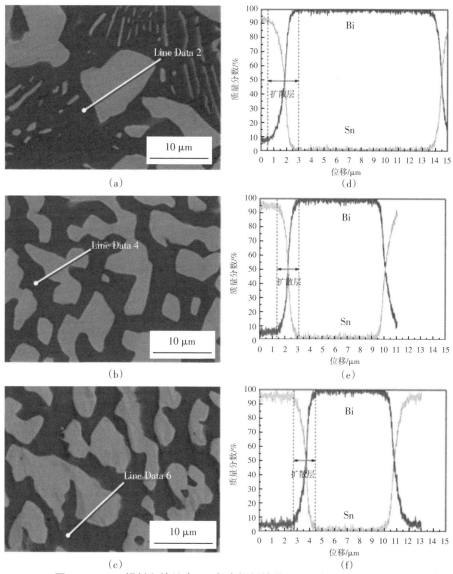

图 5.17　SnBi 焊料和掺纳米 Mo 复合焊料的微观组织与线扫元素分布

（a）SnBi 焊料时效 20 天的微观组织显微照片；

（b）SnBi0.01Mo 焊料时效 20 天的微观组织显微照片；

（c）SnBi0.02Mo 焊料时效 20 天的微观组织显微照片；

（d）图（a）中白色扫描路径上 Sn 元素和 Bi 元素的分布；

（e）图（b）中白色扫描路径上 Sn 元素和 Bi 元素的分布；

（f）图（c）中白色扫描路径上 Sn 元素和 Bi 元素的分布

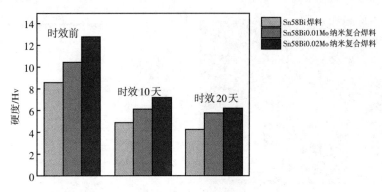

图5.18   不同焊料在等温时效后的硬度

图5.18显示了Sn58Bi焊料和纳米复合焊料在120℃时效0，10，20天后焊料的硬度，对于未进行时效处理的焊料，硬度值随着纳米Mo掺杂浓度的增加而增加。高温等温时效后，Sn58Bi焊料和添加纳米Mo的复合焊料硬度值均随着时效时间的延长而降低，但掺杂纳米Mo的复合焊料硬度仍高于未添加纳米Mo的Sn58Bi焊料。以上研究结果表明，弥散在Bi相中的Mo纳米粒子可以细化Sn58Bi合金的微观组织，提高焊料的硬度。

参考文献

[1] HARPER C A. 电子组装制造[M]. 贾松良,等译. 北京:科学出版社,2005.

[2] 杜长华,陈方. 电子微连接技术与材料[M]. 北京:机械工业出版社,2008.

[3] 田民波. 电子封装工程[M]. 北京:清华大学出版社,2003.

[4] GREIG W. Integrated circuit packaging,assembly and interconnections:trends and options[M]. New York:Springer,2007.

[5] TUMMALA R R. 微系统封装基础[M]. 黄庆安,唐洁影,译. 南京:东南大学出版社,2005.

[6] 中国电子学会生产技术学分会丛书编委会. 微电子封装技术[M]. 合肥:中国科学技术大学出版社,2003.

[7] 刘永长,韦晨. Sn-Ag-Zn 系无铅焊料[M]. 北京:科学出版社,2010.

[8] 宣大荣. 无铅焊接·微焊接技术分析与工艺设计[M]. 北京:电子工业出版社,2008.

[9] MASSALSKI T B,OKAMOTO H,SUBRAMANIAN P,et al.Binary alloy phase diagrams[M]. ASM international,1990.

[10] 菅沼克昭.无铅焊接技术[M]. 宁晓山,译. 北京:科学出版社,2004.

[11] GROSSMANN G,THARIAN J,JUD P,et al. Microstructural investigation of lead-free BGAs soldered with tin-lead solder[J]. Soldering and surface mount technology. 2005,17(2):10-21.

[12] ZOU H F,ZHANG Q K,ZHANG Z F. Eliminating interfacial segregation and embrittlement of bismuth in SnBi/Cu joint by alloying Cu substrate [J]. Scripta materialia,2009,61(3):308-311.

[13] HWANG S Y,LEE J W,LEE Z H. Microstructure of a lead-free composite solder produced by an in-situ process[J]. Journal of electronic materials,2002,31(11):1304-1308.

[14] SHEN J,LIU Y C,GAO H X.In situ nanoparticulate-reinforced lead-

free Sn−Ag composite prepared by rapid solidification[J].Journal of materials science:materials in electronics,2007,18(4):463-468.

[15] TSAO L C,CHANG S Y. Effects of nano−TiO$_2$ additions on thermal analysis, microstructure and tensile properties of Sn3.5Ag0.25Cu solder[J]. Materials and design,2010,31(2):990-993.

[16] NAI S,WEI J,GUPTA M. Effect of Carbon Nanotubes on the Shear Strength and Electrical Resistivity of a Lead-Free Solder[J]. Journal of electronic materials,2008,37(4):515-522.

[17] ZENG K,TU K N. Six cases of reliability study of Pb−free solder joints in electronic packaging technology[J]. Materials science and engineering:R,2002,38(2):55-105.

[18] PANG J,LOW T H, XIONG B S,et al. Thermal cycling aging effects on Sn−Ag−Cu solder joint microstructure,IMC and strength[J]. Thin solid films,2004,462:370-375.

[19] KIM H K,TU K N. Kinetic analysis of the soldering reaction between eutectic SnPb alloy and Cu accompanied by ripening[J]. Physical review:B,1996,53(23):16027-16034.

[20] QI L,HUANG J,ZHAO X,et al. Effect of therma-shearing cycling on Ag$_3$Sn microstructural coarsening in SnAgCu solder[J]. Journal of alloys and compounds,2009,469(1):102-107.

[21] ZOU H F,YANG H J,ZHANG Z F. Morphologies,orientation relationships and evolution of Cu$_6$Sn$_5$ grains formed between molten Sn and Cu single crystals[J]. Acta materialia,2008,56(11):2649-2662.

[22] DENG X,SIDHU R S,JOHNSON P,et al. Influence of Reflow and Thermal Aging on the Shear Strength and Fracture Behavior of Sn−3.5Ag Solder/Cu Joints[J]. Metallurgical and materials transactions:A,2005,36(1):55-64.

[23] DENG X,PIOTROWSKI G,WILLIAMS J J,et al. Influence of initial morphology and thickness of Cu$_6$Sn$_5$ and Cu$_3$Sn intermetallics on growth

and evolution during thermal aging of Sn−Ag solder/Cu joints[J]. Journal of electronic materials,2003,32(12):1403-1413.

[24] CHAN Y C,SO A ,LAI J. Growth kinetic studies of Cu−Sn intermetallic compound and its effect on shear strength of LCCC SMT solder joints[J]. Materials science and engineering:B,1998,55(1):5-13.

[25] PANG H L Z,TAN K H,SHI X Q,et al. Microstructure and intermetallic growth effects on shear and fatigue strength of solder joints subjected to thermal cycling aging[J]. Materials science and engineering: A, 2001,307(1):42-50.

[26] MIAO H W,DUH J G. Microstructure evolution in Sn−Bi and Sn−Bi−Cu solder joints under thermal aging[J]. Materials chemistry and physics,2001,71(3):255-271.

[27] SUH J O,TU K N,TAMURA N. Dramatic morphological change of scallop-type Cu6Sn5 formed on (001) single crystal copper in reaction between molten SnPb solder and Cu[J]. Applied physics letters,2007,91 (5):051907.

[28] KIM J Y,YU J,KIM S H. Effects of sulfide-forming element additions on the kirkendall void formation and drop impact reliability of Cu/Sn−3.5Ag solder joints[J]. Acta materialia,2009,57(17):5001-5012.

[29] LIN D, LIU S,GUO T,et al. An investigation of nanoparticles addition on solidification kinetics and microstructure development of tin-lead solder[J]. Materials science and engineering A,2003,360(1):285-292.

[30] KELLER J,BAITHER D,WILKE U,et al. Mechanical properties of Pb-free SnAg solder joints[J]. Acta materialia,2011,59(7):2731-2741.

[31] GARCIA L R,OSÓRIO W R,GARCIA A. The effect of cooling rate on the dendritic spacing and morphology of Ag3Sn intermetallic particles of a SnAg solder alloy[J]. Materials and design,2011,32(5):3008-3012.

[32] MA H T,QU L,HUANG M L,et al. In-situ study on growth behavior of Ag3Sn in Sn−3.5Ag/Cu soldering reaction by synchrotron radiation re-

al-time imaging technology[J]. Journal of alloys and compounds, 2012, 537:286-290.

[33] SELLERS M S, SCHULTZ A J, BASARAN C, et al. β-Sn grain-boundary structure and self-diffusivity via molecular dynamics simulations[J]. Physical review B, 2010, 81(13):134111.

[34] TU K N, ZENG K. Tin-lead(SnPb) solder reaction in flip chip technology [J]. Materials science and engineering:R:reports, 2001, 34(1):1-58.

[35] JANG J W, LIU C Y, KIM P O, et al. Interfacial morphology and shear deformation of flip chip solder joints[J]. Journal of materials research, 2000, 15(8):1679-1687.

[36] ZHANG Q K, ZHANG Z F. Fracture mechanism and strength-influencing factors of Cu/Sn-4Ag solder joints aged for different times[J]. Journal of alloys and compounds, 2009, 485(1):853-861.

[37] ZOU H F, ZHANG Z F. Effects of aging time, strain rate and solder thickness on interfacial fracture behaviors of Sn-3Cu/Cu single crystal joints[J]. Microelectronic engineering, 2010, 87(4):601-609.

[38] RANI S, MURTHY G S. Evaluation of bulk mechanical properties of selected lead-free solders in tension and in shear[J]. Journal of materials engineering and performance, 2013, 22(8):2359-2365.

[39] HWANG J, VARGAS R. Solder joint reliability:can solder creep[J]. Soldering and surface mount technology, 1990, 2(2):38-45.

[40] YANG W, FELTON L E, MESSLER R W. The effect of soldering process variables on the microstructure and mechanical properties of eutectic Sn-Ag/Cu solder joints[J]. Journal of electronic materials, 1995, 24(10):1465-1472.

[41] KLUIZENAAR E. Reliability of soldered joints: a description of the state of the art: part 1[J]. Soldering and surface mount technology, 1990, 2(1):27-38.

[42] THWAITES C, HAMPSHIRE W. Mechanical strength of selected sol-

dered joints and bulk solder alloys[J]. Welding journal, 1976, 55(10): 323.

[43] MACKA C A, VONVOSS W D. Effect of compositional changes and impurities on wetting properties of eutectic Sn-Bi alloy used as solder[J]. Materials science and technology, 1985, 1(3): 240-248.

[44] ENGELMAIER W, KWON D I. A guide to lead-free solders[M]. London: Springer, 2007.

[45] YAZZIE K E, XIE H X, WILLIAMS J J, et al. On the relationship between solder-controlled and intermetallic compound(IMC)-controlled fracture in Sn-based solder joints[J]. Scripta materialia, 2012, 66(8): 586-589.

[46] AN T, QIN F. Effects of the intermetallic compound microstructure on the tensile behavior of Sn3.0Ag0.5Cu/Cu solder joint under various strain rates[J]. Microelectronics reliability, 2014, 54(5): 932-938.

[47] WONG E H, SELVANAYAGAM C S, SEAH S, et al. Stress-strain characteristics of tin-based solder alloys at medium strain rate[J]. Materials letters, 2008, 62(17): 3031-3034.

[48] YAZZIE K E, FEI H E, JIANG H, et al. Rate-dependent behavior of Sn alloy-Cu couples: effects of microstructure and composition on mechanical shock resistance[J]. Acta materialia, 2012, 60(10): 4336-4348.

[49] SEAH S, WONG E H, SHIM V. Fatigue crack propagation behavior of lead-free solder joints under high-strain-rate cyclic loading[J]. Scripta materialia, 2008, 59(12): 1239-1242.

[50] SU Y A, LONG B T, TONG Y T, et al. Rate-dependent properties of Sn-Ag-Cu based lead-free solder joints for wlcsp[J]. Microelectronics reliability, 2010, 50(4): 564-576.

[51] KIKUCHI S, NISHMURA M, SUETSUGU K, et al. Strength of bonding interface in lead-free Sn alloy solders[J]. Materials science and engineering: A, 2001, 319: 475-479.

［52］ SHOHJI I,YOSHIDA T,TAKAHASHI T,et al. Tensile properties of Sn-Ag based lead-free solders and strain rate sensitivity［J］. Materials science and engineering:A,2004,366(1):50-55.

［53］ LANG F,TANAKA H,MUNEGATA O,et al. The effect of strain rate and temperature on the tensile properties of Sn-3.5Ag solder［J］. Materials characterization,2005,54(3):223-229.

［54］ JOO S M,KIM H K. Shear deformation behavior of a Sn-3Ag-0.5Cu single solder ball at intermediate strain rates［J］. Materials science and engineering:A,2011,528(6):2711-2717.

［55］ ZHU F,ZHANG H,GUAN R,et al. The effect of temperature and strain rate on the tensile properties of a Sn99.3Cu0.7(Ni) lead-free solder alloy［J］. Microelectronic engineering,2007,84(1):144-150.

［56］ FAWZY A. Effect of Zn addition,strain rate and deformation temperature on the tensile properties of Sn-3.3wt% Ag solder alloy［J］. Materials characterization,2007,58(4):323-331.

［57］ YOU I D,KIM H K. Evaluation of the joint strength between Sn-3.0Ag-0.5Cu solders and Cu substrate at high strain rates［J］. Materials science and engineering:A,2012,556:551-557.

［58］ ZOU H F,ZHANG Z F. Ductile-to-brittle transition induced by increasing strain rate in Sn-3Cu/Cu joints［J］. Journal of materials research,2008,23(6):1614-1617.

［59］ SHEN Y L,CHAWLA N,EGE E S,et al. Deformation analysis of lap-shear testing of solder joints［J］. Acta materialia,2005,53(9):2633-2642.

［60］ LEE H T,CHEN M H,JAO H M,et al. Influence of interfacial intermetallic compound on fracture behavior of solder joints［J］. Materials science and engineering:A,2003,358(1):134-141.

［61］ KANCHANOMAI C,MIYASHITA Y,MUTOH Y,et al. Influence of frequency on low cycle fatigue behavior of Pb-free solder 96.5Sn-3.5Ag［J］. Materials science and engineering:A,2003,345(1):90-98.

［62］ SHANG J K,ZENG Q L,ZHANG L,et al. Mechanical fatigue of Sn-rich Pb-free solder alloys［J］. Journal of materials science：materials in electronics,2007,18(1/2/3):211-227.

［63］ SHARIF A,CHAN Y C,ISLAM M N,et al. Dissolution of electroless Ni metallization by lead-free solder alloys［J］. Journal of alloys and compounds,2005,388(1):75-82.

［64］ ZHAO J,MIYASHITA Y,MUTOH Y. Fatigue crack growth behavior of 96.5Sn-3.5Ag lead-free solder［J］. International journal of fatigue,2001,23(8):723-731.

［65］ KIM K,HUH S,SUGANUMA K. Effects of intermetallic compounds on properties of Sn-Ag-Cu lead-free soldered joints［J］. Journal of alloys and compounds,2003,352(1):226-236.

［66］ HENDERSON D W,GOSSELIN T,SARKHEL A,et al. Ag₃Sn plate formation in the solidification of near ternary eutectic Sn-Ag-Cu alloys ［J］. Journal of materials research,2002,17(11):2775-2778.

［67］ TEO J,SUN Y F. Spalling behavior of interfacial intermetallic compounds in Pb-free solder joints subjected to temperature cycling loading ［J］. Acta materialia,2008,56(2):242-249.

［68］ TERASHIMA S,TAKAHAMA K,NOZAKI M,et al. Recrystallization of Sn grains due to thermal strain in Sn-1.2Ag-0.5Cu-0.05Ni solder［J］. Materials transactions,2004,45(4):1383-1390.

［69］ TELANG A U,BIELER T R,ZAMIRI A,et al. Incremental recrystallization/grain growth driven by elastic strain energy release in a thermomechanically fatigued lead-free solder join［J］. Acta materialia,2007,55(7):2265-2277.

［70］ LI J,XU H,MATTILA T T,et al. Simulation of dynamic recrystallization in solder interconnections during thermal cycling［J］. Computational materials science,2010,50(2):690-697.

［71］ CUGNONI J,BOTSIS J,JANCZAK-RUSCH J. Size and constraining effects in lead-free solder joints[J]. Advanced engineering materials,2006, 8(3):184-191.

[72] CUGNONI J,BOTSIS J,SIVASUBRAMANIAM V,et al. Experimental and numerical studies on size and constraining effects in lead-free solder joints[J]. Fatigue and fracture of engineering materials and structures, 2007,30(5):387-399.

[73] ZIMPRICH P,SAEED U,WEISS B,et al. Constraining effects of lead-free solder joints during stress relaxation[J]. Journal of electronic materials,2009,38(3):392-399.

[74] ZIMPRICH P,BETZWAR-KOTAS A,KHATIBI G,et al. Size effects in small scaled lead-free solder joints[J]. Journal of materials science: materials in electronics,2008,19(4):383-388.

[75] OROWAN E,NYE J,CAIRNS W. Mos armament res[M]. Dept:Rept, 1945,16:35.

[76] HO C Y,TSAI M T,DUH J G,et al. Bump height confinement governed solder alloy hardening in Cu/SnAg/Ni and Cu/SnAgCu/Ni joint assemblies[J]. Journal of alloys and compounds,2014,600:199-203.

[77] SAXTON H J,WEST A J,TELELMAN A S. Deformation and failure of brazed joints-macroscopic considerations[J]. Metallurgical transactions, 1971,2(4):999-1007.

[78] WEST A J,SAXTON H J,TELEMAN A S,et al. Deformation and failure of thin brazed joints: microscopic considerations[J]. Metallurgical transactions,1971,2(4):1009-1017.

[79] SAXTON H J,WEST A J,BARRETT C R. The effect of cooling rate on the strength of brazed joints[J]. Metallurgical transactions, 1971,2 (4):1019-1028.

[80] SIVASUBRAMANIAM V,GALLI M,CUGNONI J,et al. A study of the Shear Response of a Lead-Free Composite Solder by Experimental and Homogenization Techniques[J]. Journal of electronic materials,2009,38

(10):2122-2131.

[81] ZIMPRICH P,SAEED U,BETZWAR-KOTAS A,et al. Mechanical size effects in miniaturized lead-free solder joints[J]. Journal of electronic materials,2008,37(1):102-109.

[82] ALAM M O,LU H,BAILEY C,et al. Fracture mechanics analysis of solder joint intermetallic compounds in shear test[J]. Computational materials science,2009,45(2):576-583.

[83] LIU P,YAO P,LIU J. Evolutions of the interface and shear strength between SnAgCu-xNi solder and Cu substrate during isothermal aging at 150°C[J]. Journal of alloys and compounds,2009,486(1):474-479.

[84] NAI S,WEI J,GUPTA M. Interfacial intermetallic growth and shear strength of lead-free composite solder joints[J]. Journal of alloys and compounds,2009,473(1):100-106.

[85] LEE Y H,LEE H T. Shear strength and interfacial microstructure of Sn−Ag−xNi/Cu single shear lap solder joints[J]. Materials science and engineering:A,2007,444(1):75-83.

[86] YANG F,LI J. Deformation behavior of tin and some tin alloys[J]. Journal of materials science:materials in electronics,2007,18(1/2/3):191-210.

[87] ZHANG Q K,ZHANG Z F. In situ observations on creep fatigue fracture behavior of Sn−4Ag/Cu solder joints[J]. Acta materialia,2011,59(15):6017-6028.

[88] ZHANG Q K,ZHANG Z F. In situ observations on shear and creep-fatigue fracture behaviors of SnBi/Cu solder joints[J]. Materials science and engineering:A,2011,528(6):2686-2693.

[89] LEE T K,ZHOU B,BLAIR L,et al. Sn−Ag−Cu solder joint microstructure and orientation evolution as a function of position and thermal cycles in ball grid arrays using orientation imaging microscopy[J]. Journal of electronic materials,2010,39(12):2588-2597.

［90］ LI Y,MOON K S,WONG C P. Electronics without lead［J］. Science,
2005,308(5727):1419-1420.

［91］ GUSAK A M,TU K N. Kinetic theory of flux-driven ripening［J］. Physi-
cal review:B,2002,66(11):115403.

［92］ LIFSHITZ I M,SLYOZOV V. The kinetics of precipitation from super-
saturated solid solutions［J］. Journal of physics and chemistry of solids,
1961,19(1):35-50.

［93］ WAGNER C Z. Theory of precipitate change by redissolution［J］. Elec-
trochem,1961,65(7/8):581-591.

［94］ SLEZOV V,KHALATNIKOV I. Theory of diffusive decomposition of sol-
id solutions［M］. Amsterdam:Harwood Academic Publishers,1995.

［95］ SUH J O,TU K N,LUTSENKO G V,et al. Size distribution and mor-
phology of Cu_6Sn_5 scallops in wetting reaction between molten solder
and copper［J］. Acta materialia,2008,56(5):1075-1083.

［96］ ZOU H F,YANG H J,ZHANG Z F. Coarsening mechanisms texture
evolution and size fistribution of Cu_6Sn_5 between Cu and Sn-based sol-
ders［J］. Materials chemistry and physics,2011,131(1):190-198.

［97］ LIN F,BI W,JU G,et al. Evolution of Ag_3Sn at Sn-3.0Ag-0.3Cu-0.05
Cr/Cu joint interfaces during thermal aging［J］. Journal of alloys and
compounds,2011,509(23):6666-6672.

［98］ ALLEN S L,NOTIS M R,CHROMIK R R,et al. Microstructural evolu-
tion in lead-free solder alloys:part II. Directionally solidified Sn-Ag-Cu,
Sn-Cu and Sn-Ag［J］. Journal of materials research,2004,19(5):1425-
1431.

［99］ SNUGOVSKY L,SNUGOVSKY P,PEROVIC D D,et al. Some aspects
of nucleation and growth in Pb free Sn-Ag-Cu solder［J］. Materials sci-
ence and technology,2005,21(1):53-60.

［100］ TAKAMATSU Y,ESAKA H,SHINOZUKA K. Formation mechanism of
eutectic Cu_6Sn_5 and Ag_3Sn after frowth of primary β-Sn in Sn-Ag-Cu

alloy[J]. Materials transactions–JIM,2011,52(2):89.

[101] LIU X,HUANG M,ZHAO Y,et al. The adsorption of Ag₃Sn nano-particles on Cu–Sn intermetallic compounds of Sn–3Ag–0.5Cu/Cu during soldering[J]. Journal of alloys and compounds,2010,492(1):433-438.

[102] YU D Q,WANG L,WU C,et al. The formation of nano–Ag₃Sn particles on the intermetallic compounds during wetting reaction[J]. Journal of alloys and compounds,2005,389(1):153-158.

[103] LEE H T,CHEN Y F. Evolution of Ag₃Sn intermetallic compounds during solidification of eutectic Sn–3.5Ag solder[J]. Journal of alloys and compounds,2011,509(5):2510-2517.

[104] OSORIO W R,LEIVA D R,PEIXOTO L C,et al. Mechanical properties of Sn–Ag lead-free solder alloys based on the dendritic array and Ag₃Sn morphology[J]. Journal of alloys and compounds,2013,562:194-204.

[105] GUO F,CHOI S,SUBRAMANIAN K N,et al. Evaluation of creep behavior of near-eutectic Sn–Ag solders containing small amount of alloy additions[J]. Materials science and engineering:A,2003,351(1):190-199.

[106] SHERBY O D,TALEFF E M. Influence of grain size,solute atoms and second-phase particles on creep behavior of polycrystalline solids [J]. Materials science and engineering:A,2002,322(1):89-99.

[107] ZHANG Q K,ZHU Q S,ZOU H F,et al. Fatigue fracture mechanisms of Cu/lead-free solders interfaces[J]. Materials science and engineering:A,2010,527(6):1367-1376.

[108] EL-REHIM A. Effect of grain size on the primary and secondary creep behavior of Sn–3wt% Bi alloy[J]. Journal of materials science,2008,43(4):1444-1450.

[109] SUBRAMANIAN K N. Role of anisotropic behaviour of Sn on thermo-mechanical fatigue and fracture of Sn–based solder joints under ther-

mal excursions[J]. Fatigue and fracture of engineering materials and structures,2007,30(5):420-431.

[110] CHE F X,PANG J H L. Characterization of IMC layer and its effect on thermomechanical fatigue life of Sn−3.8Ag−0.7 Cu solder joints[J]. Journal of alloys and compounds,2012,541:6-13.

[111] LEE J G,TELANG A,SUBRAMANIAN K N,et al. Modeling thermo-mechanical fatigue behavior of Sn−Ag solder joints[J]. Journal of electronic materials,2002,31(11):1152-1159.

[112] SUBRAMANIAN K N,LEE J G. Effect of anisotropy of tin on thermo-mechanical behavior of solder joints[J]. Journal of materials science materials in electronics,2004,15(4):235-240.

[113] WANG K J,LIN Y C,DUH J G,et al. In situ investigation of the interfacial reaction in Sn/Cu system by synchrotron radiation[J]. Journal of materials research,2010,25(5):972-975.

[114] TSAI I,WU E,YEN S F,et al. Mechanical properties of intermetallic compounds on lead-free solder by moiré techniques[J]. Journal of electronic materials,2006,35(5):1059-1066.

[115] ERINC M,SCHREURS P,GEERS M. Intergranular thermal fatigue damage evolution in SnAgCu lead-free solder[J]. Mechanics of materials,2008,40(10):780-791.

[116] LEE J G,SBURAMANIAN K N. Effect of dwell times on thermome-chanical fatigue behavior of Sn−Ag−based solder joints[J]. Journal of electronic materials,2003,32(6):523-530.

[117] JADHAV S G,BIELER T R,SUBRAMANIAN K N,et al. Stress relaxation behavior of composite and eutectic Sn−Ag solder joints[J]. Journal of electronic materials,2001,30(9):1197-1205.

[118] MAVOORI H,CHIN J,VAYNMAN S,et al. Creep, stress relaxation, and plastic deformation in Sn−Ag and Sn−Zn eutectic solders[J]. Journal of electronic materials,1997,26(7):783-790.

［119］ TELANG A A,BIELER T T,CHOI S,et al. Orientation imaging studies of Sn-based electronic solder joints［J］. Journal of materials research,2002,17(9):2294-2306.

［120］ RHEE H,SUBRAMANIAN K N. Effects of prestrain,rate of prestrain, and temperature on the stress-relaxation behavior of eutectic Sn-3.5Ag solder joints［J］. Journal of electronic materials, 2003, 32(11): 1310-1316.

［121］ TANG Y,LI G Y,PAN Y C. Influence of TiO_2 nanoparticles on IMC growth in Sn-3.0Ag-0.5Cu-$xTiO_2$ solder joints in reflow process［J］. Journal of alloys and compounds,2013,554:195-203.

［122］ TANG Y,LI G Y,PAN Y C. Effects of TiO_2 nanoparticles addition on microstructure,microhardness and tensile properties of Sn-3.0Ag-0.5Cu-$xTiO_2$ composite solder［J］. Materials & design,2014,55:574-582.

［123］ TSAO L C,CHANG S Y. Effects of Nano-TiO_2 additions on thermal analysis,microstructure and tensile properties of Sn3.5Ag0.25Cu solder ［J］. Materials and design,2010,31(2):990-993.

［124］ XIAO W M,SHI Y W,XU G C,et al. Effect of rare earth on mechanical creep-fatigue property of snagcu solder joint［J］. Journal of alloys and compounds,2009,472(1):198-202.

［125］ DUDEK M A,CHAWLA N. Nanoindentation of rare earth-Sn intermetallics in Pb-free solders［J］. Intermetallics,2010,18(5):1016-1020.

［126］ HASEEB A,ARAFAT M M,JOHAN M R. Stability of molybdenum nanoparticles in Sn-3.8Ag-0.7Cu solder during multiple reflow and their influence on interfacial intermetallic compounds ［J］. Materials characterization,2012,64:27-35.

［127］ LINMEI Y,SHANYU Q,YUDONG Y,et al. Luminescence properties related to defects in Y_2O_3:Ho^{3+} nanocrystal［J］. Journal of nanoscience and nanotechnology,2012,12(3):2700-2703.

［128］ YE T,ZHAO G. Combustion synthesis and photoluminescence of nanocrystalline Y_2O_3:Eu phosphors[J]. Materials research bulletin, 1997, 32 (5):501-506.

[129] GÖELICH J, SCHMITZ G, TU K N. On the mechanism of the binary Cu/Sn solder reaction[J]. Applied physics letters, 2005, 86(5):053106.

[130] YAO J H, ELDER K R, GUO H, et al. Theory and simulation of ostwald ripening[J]. Physical review:B, 1993, 47(21):14110-14125.

[131] ZHANG Q K, ZOU H F, ZHANG Z F. Tensile and fatigue behaviors of aged Cu/Sn-4Ag solder joints[J]. Journal of electronic materials, 2009, 38(6):852-859.

[132] LIU P, YAO P, LIU J. Effect of SiC nanoparticle additions on microstructure and microhardness of Sn-Ag-Cu solder alloy[J]. Journal of electronic materials, 2008, 37(6):874-879.

[133] SILVA B L, REINHART G, GARCIA A, et al. Microstructural development and mechanical properties of a near-eutectic directionally solidified Sn-Bi solder alloy[J]. Materials characterization, 2015, 107:43-53.

[134] MOKHTARI O, NISHIKAWA H. Correlation between microstructure and mechanical properties of Sn-Bi-X solders[J]. Materials science and engineering:A, 2016, 651:831-839.

[135] HU F Q, ZHANG Q K, JIANG J J, et al. Influences of Ag addition to Sn-58Bi solder on SnBi/Cu interfacial reaction[J]. Materials letters, 2018, 214:142-145.

[136] ZOU H F, ZHANG Q K, ZHANG Z F. Eliminating interfacial segregation and embrittlement of bismuth in SnBi/Cu joint by alloying Cu substrate[J]. Scripta materialia, 2009, 61:308-311.